清新風格
花草植物刺繡圖案集

Plants Embroidery

淺賀菜緒子

柔軟的草皮。

可愛花朵盛開的美麗庭院。

風情萬種的各種植物姿態，讓人彷彿置身在夢與現實的世界中。

希望留住這些記憶的片斷，所以用針線刺繡出來。

但願這些植物的無形種子，能夠在擁有本書的讀者們的繡布上，

綻放出美麗的花朵。

淺賀菜緒子

Contents

Flowers

來自古老植物圖鑑

Forest

Flowers

團花
brooch ► p.54

六種植物

motif ► p.55

花束

motif ▸ p.56

迷你花束

motif ► p.57

邊飾

handkerchief ► p.58

白線刺繡
doily ► p.60

小枝花樣

barrette ▸ p.62

花與箱

motif ▸ p.61

絨球

brooch ▸ p.64

蝴蝶

wappen ► p.66

框

motif ► p.67

山茶花

motif ► p.68

山茶花

pin brooch ► p.69

印花布風

bag ▸ p.70

來自古老植物圖鑑

em Stengel,
n sind ver=
en plötzlich
: hat eine

r Feldklee (Trifólium
tre Schreb.) mit aufrech=
iederliegendem 15 – 20 cm
gel. Die Fiederblättchen
iförmig, das mittlere ist
ie Nebenblätter sind eiför=
ntweder klein und schwefel=
elgelb. Die Pflanze blüht
September auf Aeckern,
Wegen.

ichliche Steinklee (Meli-
lis Desr.) mit gelben
Flügel so lang als die
änger als das Schiffchen.
sen haben eine stachelige
runzelig. Die Pflanze
hoch und blüht von Juli
egen und unter der Saat.

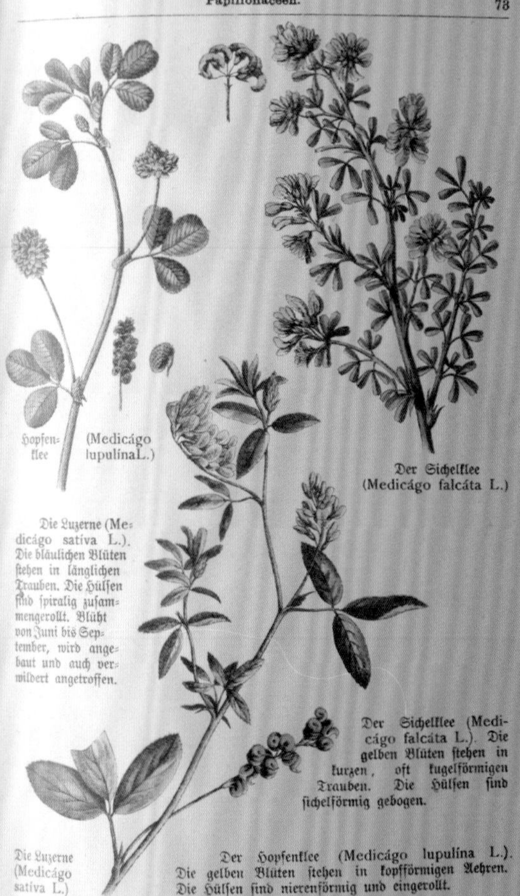

Die Luzerne (Medicágo sativa L.). Die bläulichen Blüten stehen in länglichen Trauben. Die Hülsen sind spiralig zusammengerollt. Blüht von Juni bis September, wird angebaut und auch verwildert angetroffen.

Der Sichelklee (Medicágo falcáta L.). Die gelben Blüten stehen in kurzen, oft kugelförmigen Trauben. Die Hülsen sind sichelförmig gebogen.

Der Hopfenklee (Medicágo lupulina L.). Die gelben Blüten stehen in kopfförmigen Aehren. Die Hülsen sind nierenförmig und eingerollt.

 ►p.74

White Flowers

►p.75

LAVENDER ►p.77

Hyacinth ►p.78

Forest

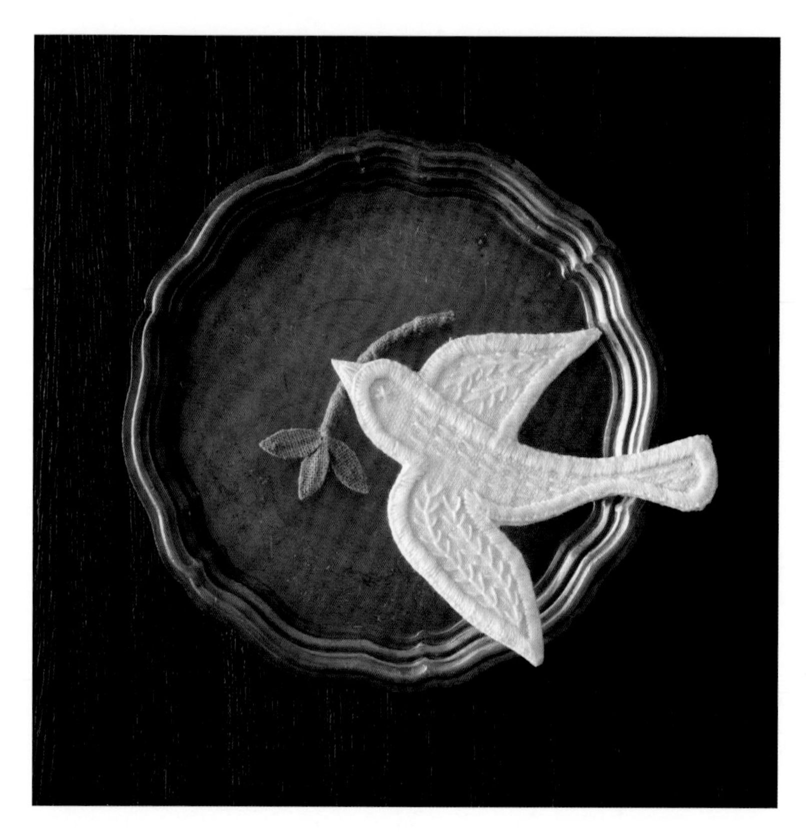

鳥
brooch ► p.79

樹木

motif ▸ p.80

葉子 I

motif ▸ p.81

葉子 II

motif ▸ p.82

樹與鳥

motif ▸ p.83

森林

book cover ► p.84

栗子
motif ▸ p.86

果實

brooch ▸ p.87

PRIMA ZI A EMISIUNII
R.P.ROMINA
R.P.ROMINA
R.P.ROMINA
ПОЧТА СССР
DDR 5
VII.1958

蕈菇博物繪

motif ▸ p.88

落葉

panel ▸ p.89

蕈菇

panel ▸ p.90

How to Make

Materials & Tools
材料與道具

線

本書使用的線主要是DMC的25號繡線。這是一種富有光澤的棉線，顏色種類相當豐富。由於是以6股線捻合而成，所以能因應作品抽出需要的股數來使用。除此之外也使用了手感柔和的Coton à Broder（圖片右側）。Coton à Broder（本書作品使用的是25號）是由無法分離的4股線捻合而成。

針

本書使用的是可樂牌的法國刺繡針。針的粗細會隨著線的粗細和股數而有所不同。25號線1股的情況使用9號針，2～3股使用7號針，6股的情況使用3號針，25號以外的繡線（1股）都使用3號針。

布

最好選擇織目大小一致、具有張力的布（亞麻布或棉布）。 本書使用的主要是質地柔軟的亞麻布。即使是小型作品也要準備好足以用繡框固定住的尺寸。另外，布的背面也必須貼上接著襯（配合布的厚度來選用）。

刺繡框

比圖案稍大一點的尺寸作業起來會比較順手，不妨多準備幾個尺寸，再依照圖案的大小來選用。

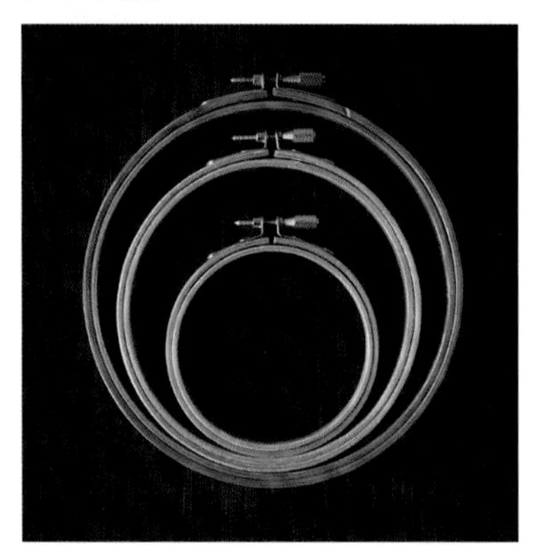

Preparation
刺繡的準備

整理布料、調整布紋

把刺繡用布的歪斜調整好，讓布紋變得整齊一致就是整理布料。
這是做出美麗的刺繡作品的基本工作。

1 把布料邊緣的橫向紗一條一條地抽掉。從邊端到邊端像撕開般地抽出紗線。縱向紗也以同樣的方式抽掉。

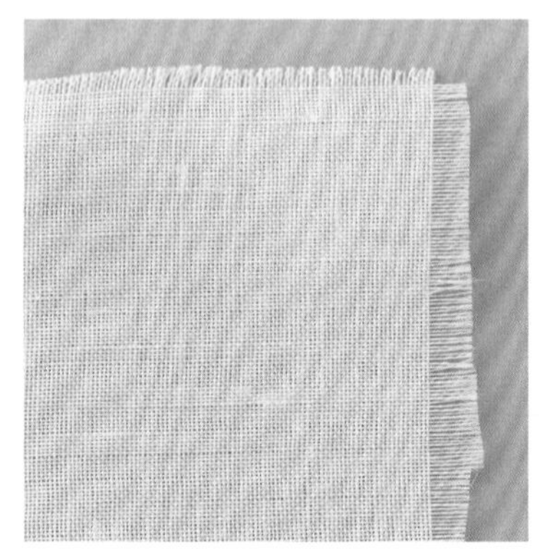

2 抽掉橫向紗及縱向紗之後的樣子。如此一來就能清晰地看到布料的縱橫紋理，並進而確認、調整歪斜的部分。調整完畢之後要泡水數小時，將布料晾乾。

3 在布料尚未乾透之前用熨斗整燙。整熨時要一面將角落調整成直角，一面以垂直或水平移動（斜向熨燙的話會造成歪斜，要注意）的方式仔細燙平，把布紋整理好。

貼上接著襯

把布料整理好之後，除了手帕等等看得到成品背面的物品之外，都要貼上接著襯。
貼上接著襯能讓布料保持安定，也更容易刺繡。

1
接著襯要裁剪得比圖案略大一點。把帶膠的一面朝下放在布（背面）的中央。

2
鋪上墊紙（或墊布），噴上水霧，以適合布料的溫度進行熨燙。首先壓在接著襯的中央，然後提起熨斗稍微移動位置再次壓住，用這樣的方式整體燙過。
★在布的表面上下移動的話很可能會把接著襯撐大而形成皺折，請小心留意。

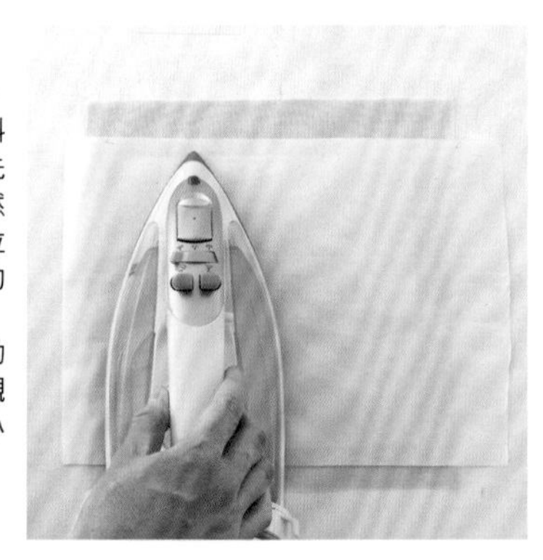

描繪圖案

把圖案描繪在布的正確位置上。

1 把描圖紙放在圖案上面，用鉛筆描繪下來（在周圍貼上美紋膠帶加以固定的話，可防止紙張移動，方便描繪）。

2 把布正面朝上放好，在上面依序疊上布用複寫紙、1的描圖紙、玻璃紙（大型圖案的情況可在周圍貼上美紋膠帶加以固定）。

3 用鐵筆或原子筆描繪圖案。

繃上刺繡框

首先把布放在刺繡框的內框上，圖案要落在內框的中央，然後從上面把外框套上去（螺絲位在圖案上方或慣用手的反方向的話，刺繡起來會比較順手）。

把布稍微拉平繃緊、並確認過縱橫方向的布紋沒有歪斜扭曲之後把螺絲牢牢鎖緊。

繡線的準備

25號繡線要事先剪成長短一致、便於使用的長度。
這裡介紹的是平均剪成1m的方法，想要順便把其他長度剪好也無妨。
Coton à Broder在每次要用時從線束中抽出需要的長度即可。

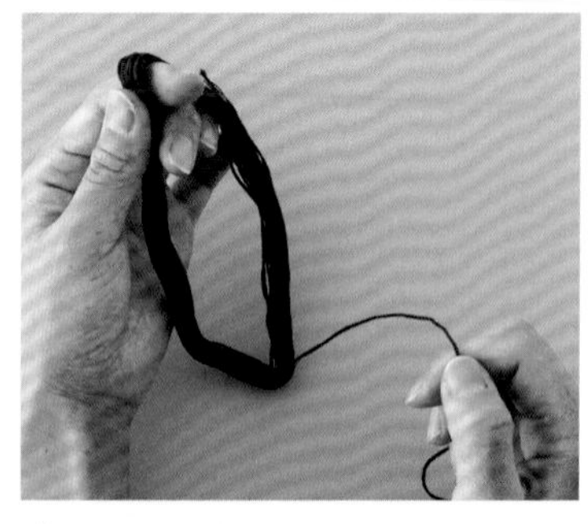

1 抽掉繡線上的紙束帶，把線束的圈圈掛在手上，從末端把線（6股細線捻合而成）慢慢解開。

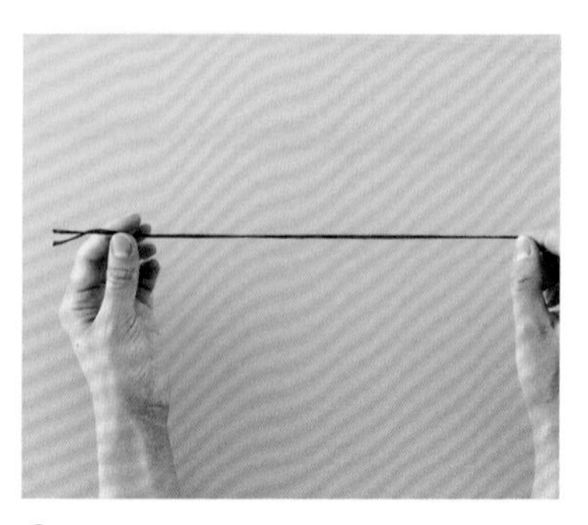

2 把圈圈完全解開之後（全長8m），將線的兩端對齊，折成2等分。

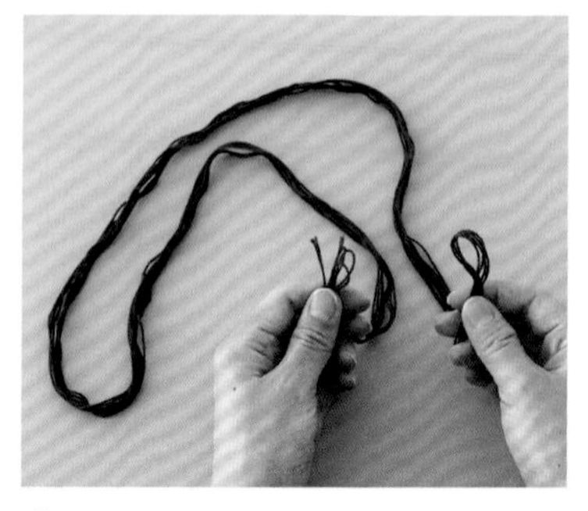

3 和2一樣、繼續將兩端對齊2次，折成8等分。

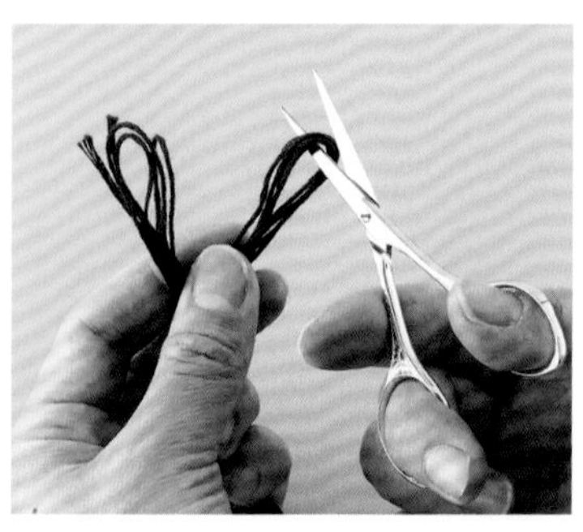

4 將一端穿過在1拆掉的標有色號的紙束帶，把形成圈狀的兩端剪開。

5 準備好的繡線（線長1m）。

把線抽出

25號繡線的情況，一定要從1束（6股）當中一股一股慢慢抽出，把指定的股數準備好。
一次抽出好幾股線的話很容糾纏打結，這點要特別注意。
即使剩下的股數正好是需要的股數，也要一股一股抽出來再合在一起使用。
必須把捻合的線分開來，刺繡出來的成品才會飽滿美麗。

Stitch the Motif
圖案的刺繡方法

WILD FLOWERS ►p.23（左下的花）

基本的花卉圖案。
花瓣是用長短針繡、
花心是用法國結粒繡、
葉子是用緞面繡、
莖是用輪廓繡所刺繡出來的。

★圖案參照p.74。
這裡的作法是花的部分只描繪出外側的花瓣線條。
中心部分則是一邊參考圖案一邊視整體的均衡感來加以製作。

✚繡線　25號 粉紅（152）-a、粉紅（225）-b、淺咖啡（842）-c、深綠（890）-d
★線除了淺咖啡（C）之外都是3股，淺咖啡是1股。
布　亞麻布（白）

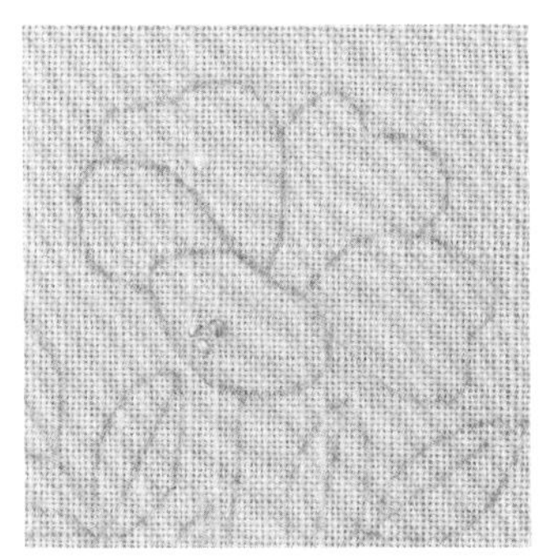

1 起針。用線a來固定線頭（從背面把針穿出，在圖案中間做3個短短的直針繡）。

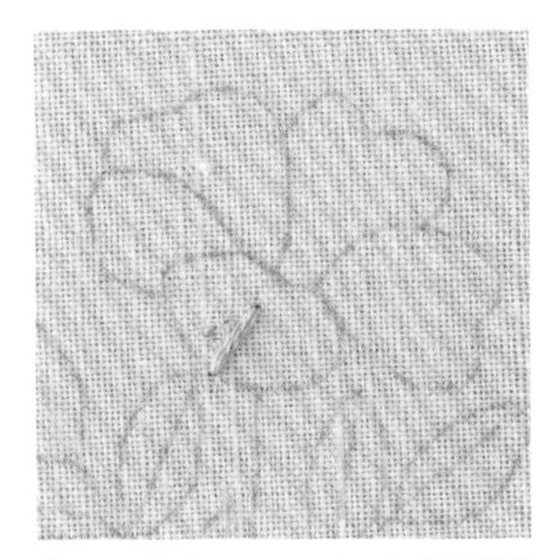

2 刺繡花瓣的外側。首先把線從花瓣輪廓線的中心穿出，在圖案的中央穿入（長針繡）。

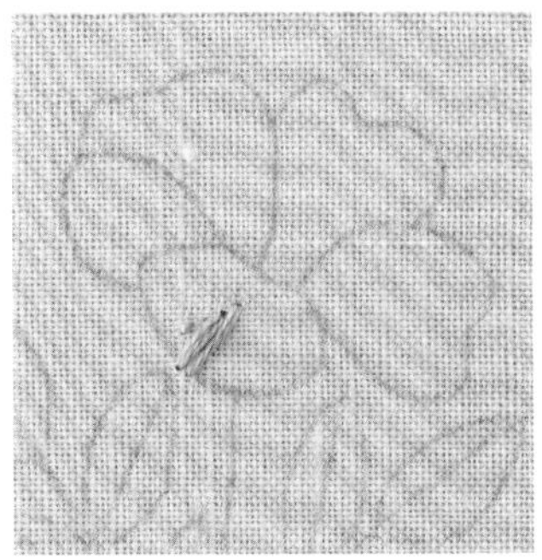

3 從2的出針位置旁邊出針，在比2的針腳略短的地方入針（短針繡）。

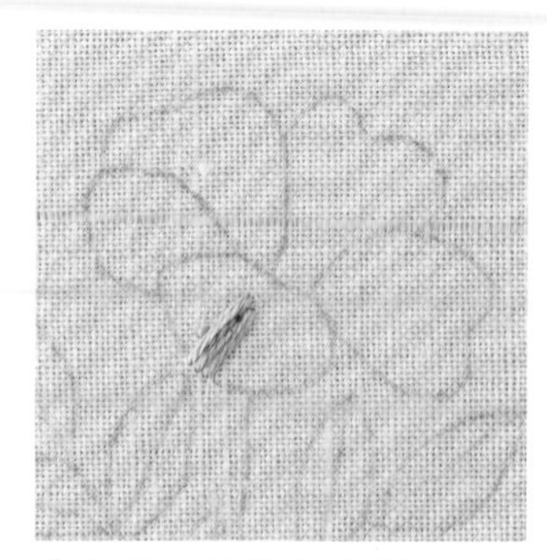

4 在3的旁邊再做1個長針繡。

5 以同樣的方式用長短交錯的針腳繡好半邊的花瓣。最後再邊繡邊調整，讓圖案的線條和針腳自然地重疊即可。

6 另外半邊的花瓣也以同樣的方式繡好之後，從下一片花瓣的中央開始，繼續以同樣的方式製作。

7 所有的花瓣（外側）都以長短針繡刺繡完畢的樣子。

8 同樣地用線a來刺繡花瓣的內側。首先從花瓣外側的針腳當中出針。

9 在花瓣內側的線條上入針。接著再反覆地用長針繡和短針繡來刺繡（圖片）。先把左半邊繡好，再以同樣的方式完成右邊半。

10 從相鄰花瓣的針腳當中出針，和9一樣繡好。

11 用線b來刺繡中心部分。從上方花瓣的針腳當中出針，如照片所示繡上1針。

12 反覆地用長短針繡完成中心部分。

13 用線c來刺繡花心。在12花的中心附近出針，繡上1個法國結粒繡（線在針上繞3圈）。留意整體的平衡感，繡上9個法國結粒繡。

14 用線d來刺繡葉子（緞面繡）。首先把線頭固定（從背面把針穿出之後在圖案中間做3個短短的直針繡），然後從葉子的下端出針繡上1針。

15 從葉子的中心朝向外側、用緞面繡繡好葉子的右半邊。圖為完成右半邊刺繡的樣子。

16 開始刺繡葉子的左半邊。把針從15的最後入針處旁邊穿出。

17 在葉子的中心附近入針。

18 從外側朝向中心、用緞面繡完成葉子的左半邊。

19 把其他的葉子用同樣的方式繡好之後，再用線d來刺繡莖（輪廓繡）。

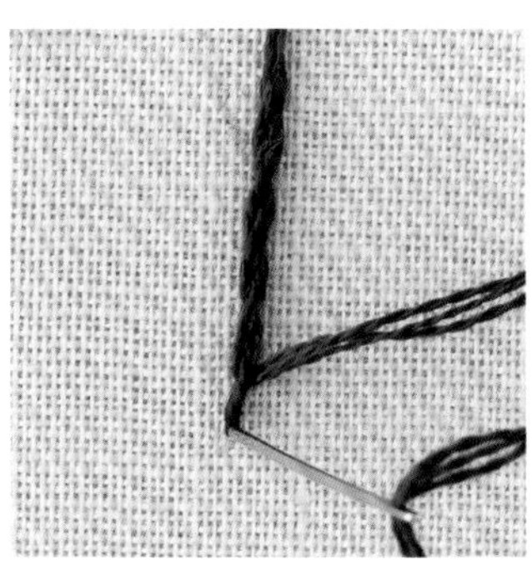

20 在莖的最後，把針插入和前一針相同的入針位置。

21 在布的背面把線一面纏繞在針腳（在背面的渡線）上一面移動至兩側莖的位置把莖繡好。最後在背面的針腳上把線適當地纏好固定剪斷就完成了。

絨球 ►p.14

運用以長長的絨毛來展現立體效果的土麥那繡，

就能做出如絨球般的花朵。

★關於針腳的間隔，希望絨毛緊密一點的話可藉由細密的針腳來調整。
另外，線圈長度可依照喜愛的絨毛長短來更改。

✚繡線

25號 芥末色（3820）

3股

布　不織布（米黃）

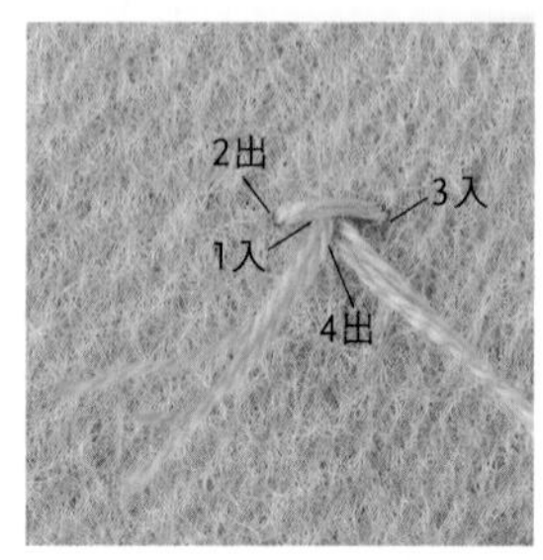

1 在圖案的圓圈內側，從正面入針（1入）。這個時候在布的正面要預留5cm左右的線頭。按照順序刺繡。

2 設計出喜歡的長度，留下足夠的線長之後入針。

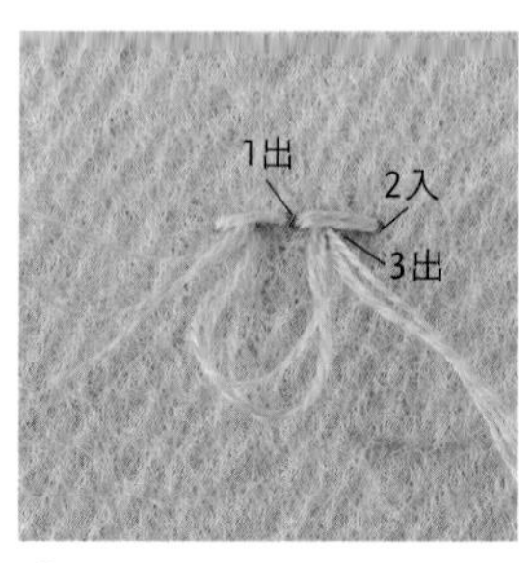

3 在稍微倒退一點的位置出針（1出），再次入針（2入）拉緊。從2的入針位置旁邊出針（3出）。

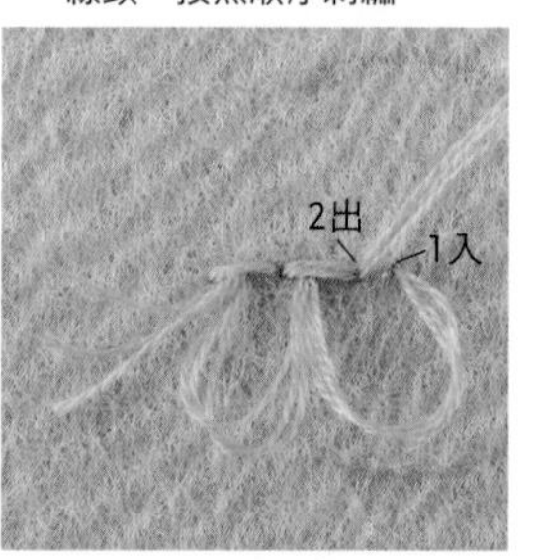

4 製作和3同樣長度的線圈，再以同樣方式挑布出針。

5 以同樣的方式反覆地繡好1列。

6 第2列和第3列也以同樣的方式完成。

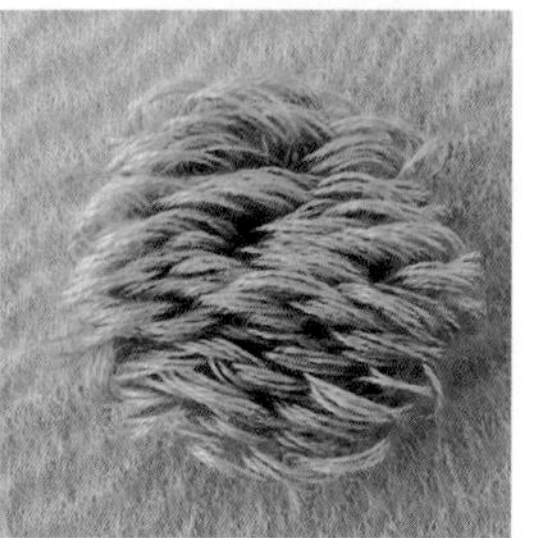

7 完成圓圈的下半部之後再進行上半部。圖片是以相同針腳填滿整個圖案的樣子。

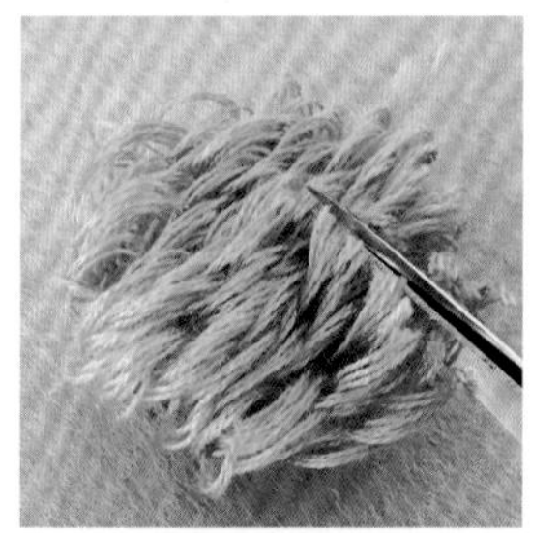

8 用剪刀把線圈剪開。

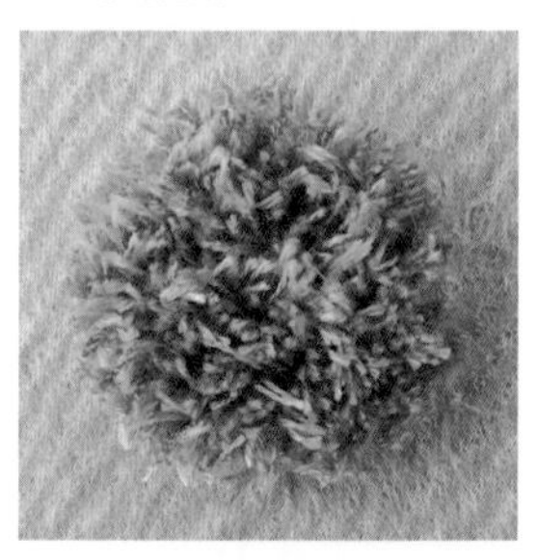

9 所有的線圈都剪開之後，再把表面修齊就完成了。

團花 ►p.4　六種植物 ►p.5（圖片右上的花）

邊穿入珠子邊做毛邊環狀繡（參照p.51）刺繡而成的圓形花朵圖案。

這裡是以花的部分（1個）的作法來進行解說。

由於是穿入珠子的刺繡，所以最後的7、8的繡法和一般的毛邊環狀繡並不相同。

✚ 繡線

25號（ECRU）3股

小圓珠14個（花1個份）

布　亞麻布（黑）

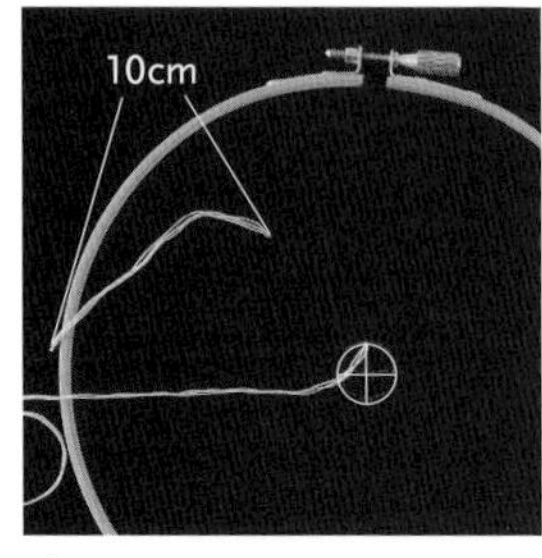

1 起針是在圖案的外側從正面入針，要預留約10cm線頭。從圖案的上端出針。

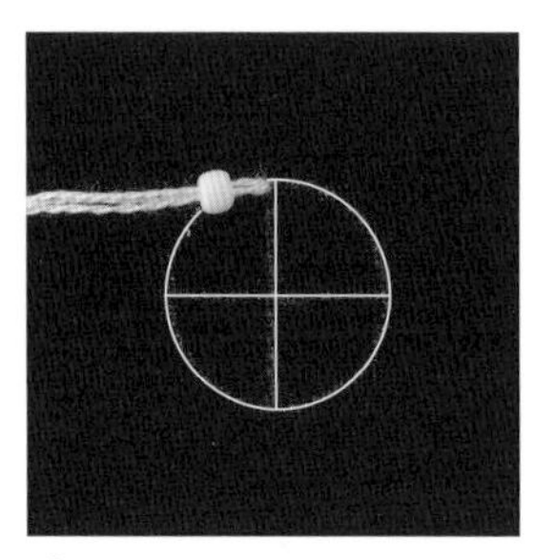

2 穿入1個珠子。

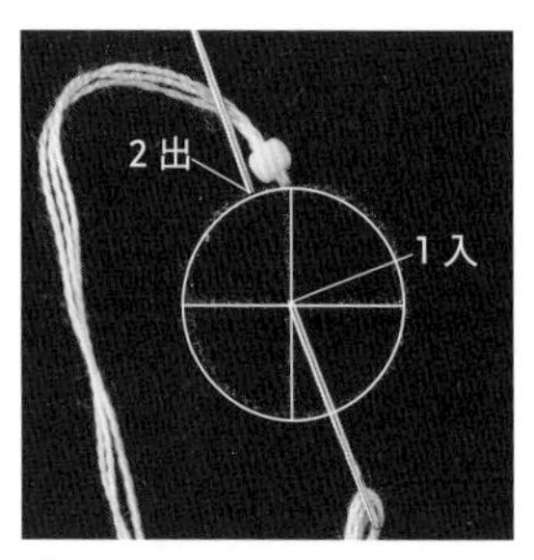

3 從圓的中心點入針，從外側出針。線繞過針之後，直接拉緊（毛邊環狀繡）。

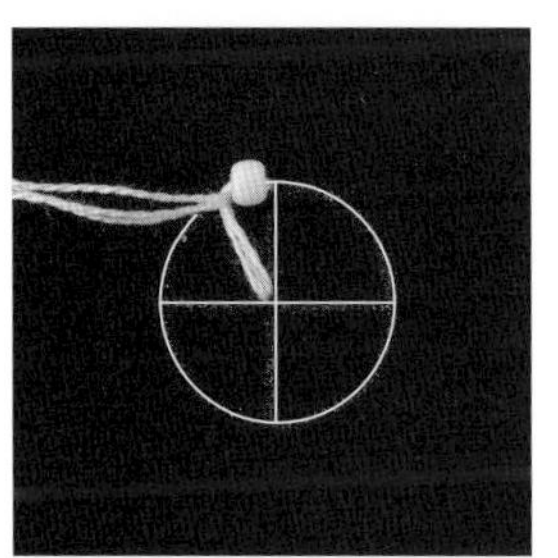

4 繡上1個珠子的毛邊環狀繡完成。

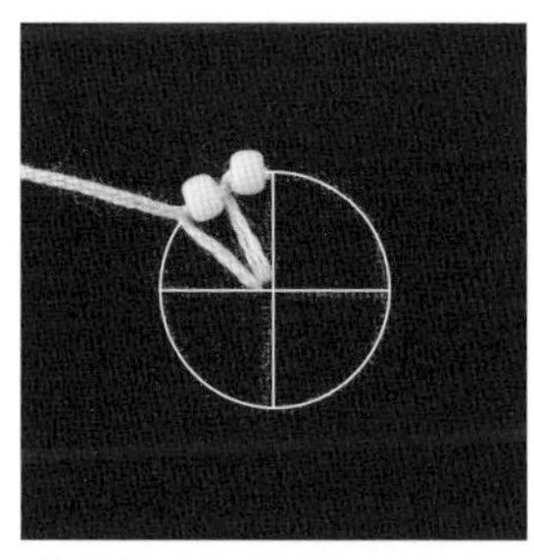

5 再次穿入1個珠子，以同樣的方式做毛邊環狀繡。

6 繡好13個珠子的樣子。

7 穿入1個珠子，從第1個珠子的旁邊出針，線繞過針之後直接拉緊。

8 把針從線的外側插入，穿到布的背面。

9 把最後的線尾在背面的針腳上纏繞幾圈之後剪斷。將在1預留的線頭拉到背面、穿針，以同樣方式收尾之後就完成了。

Stitches
刺繡針法

◆ 直針繡
繡出直線的最基本針法。可從各個角度緊密地刺繡，也可以用來填滿面積。

◆ 輪廓繡
用來描繪直線、曲線的針法。曲線要以細小的間隔來刺繡，才能展現出線條的圓滑度。

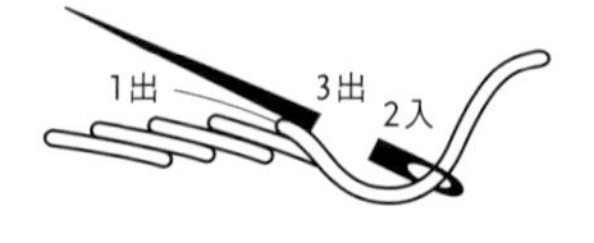

★ 以輪廓繡填滿面積
以輪廓繡沿著圖案的輪廓線從外側朝向內側刺繡來填滿面積。針腳方向一致才能展現美感。

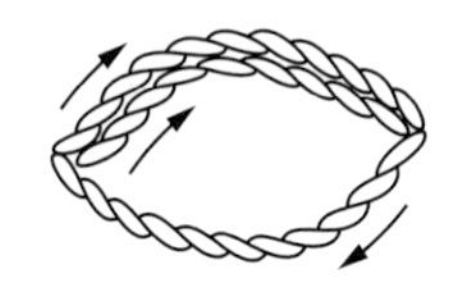

◆ 回針繡
用於線條的刺繡針法。以全回針縫的方式和相鄰的針腳從同一個針孔入針，才能漂亮地連接起來。

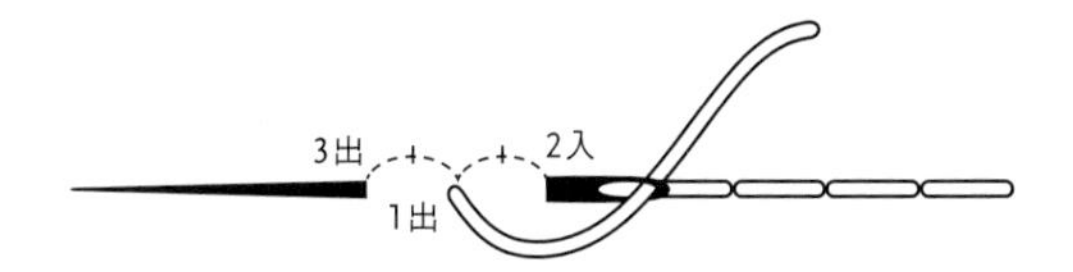

◆ 繞線回針繡
做完回針繡之後，再用別的線由上往下鬆鬆地纏繞上去。為了避免繡線被針刺到，可利用針尾（穿線的部分）在針腳之間穿梭。

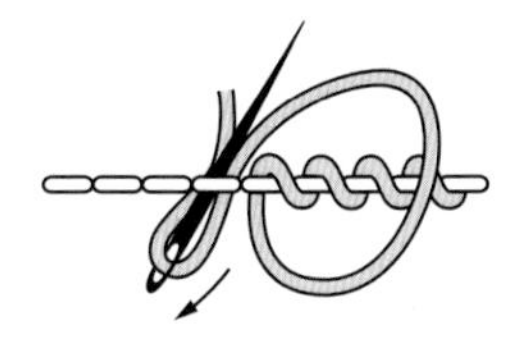

◆ 鎖鍊繡
可用來繡出輪廓線或毫無空隙地填滿面積等等，用途廣泛的針法。刺繡時要留意不要把線拉得太緊，並讓鎖鍊的大小維持一致。

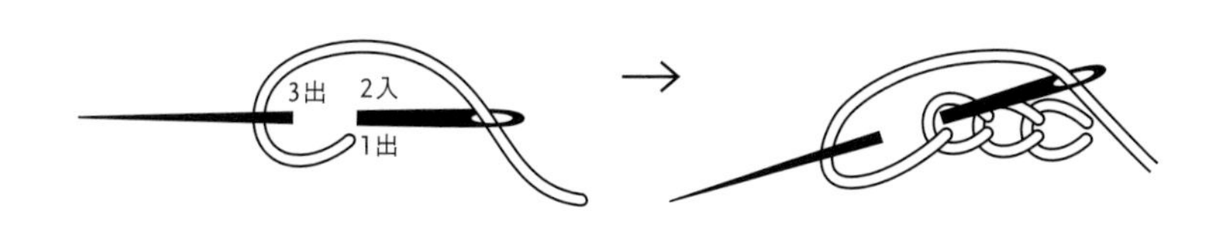

◆ 平針繡
沿著圖案的線條，以一定的寬度和間隔來刺繡是重點所在。

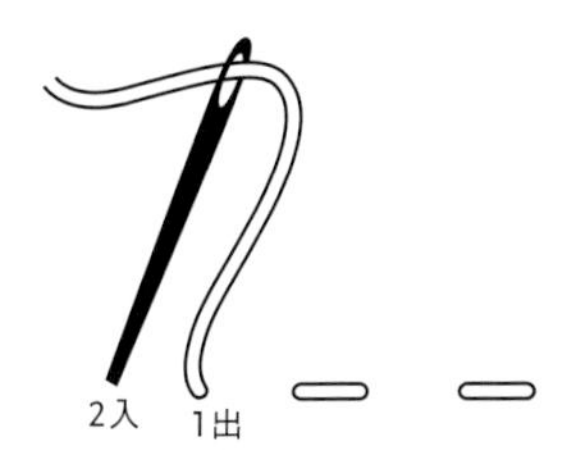

◆緞面繡

用來填滿面積的刺繡針法。刺繡時讓針腳平行排列整齊的話，就能展現出絲緞般的光澤。圓形（正圓或橢圓等等）圖案的情況，最好如圖所示從中央開始繡，填滿半邊之後再從中央開始繡完另一半，如此才能繡出針腳整齊對稱的美麗作品。其他圖案的情況，基本上都是從圖案的邊端開始繡。

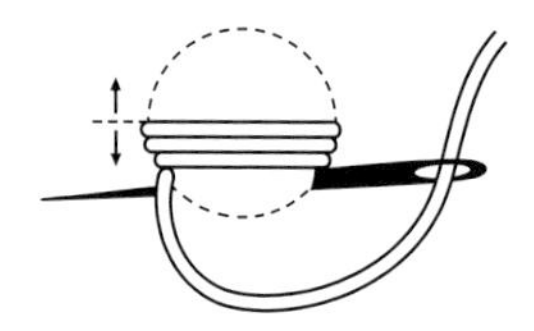

★包芯緞面繡

緞面繡的應用，可呈現出飽滿的立體質感。首先把圖案的輪廓（沿著圖案線條略偏內側地製作）用輪廓繡繡出來。接著用和正面的緞面繡不同角度的直針繡填滿圖案的內側製作成芯，最後在上面做緞面繡。

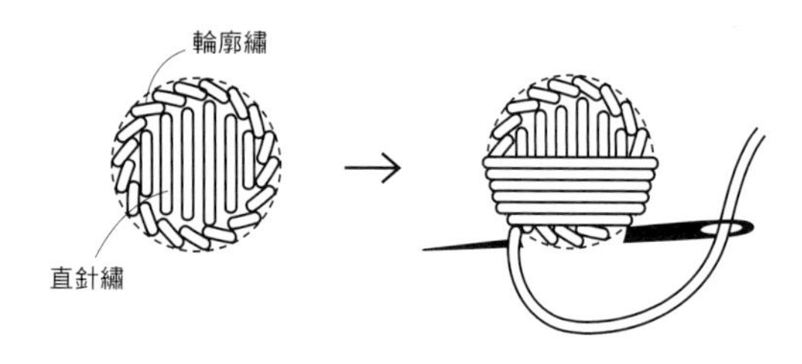

◆長短針繡

交互地繡上長短針腳來填滿面積的刺繡針法。由於刺繡的方向、針腳的長短，以及重疊的方式等等都能營造出不同的氛圍，所以要盡量配合圖案的感覺，花點工夫來刺繡。

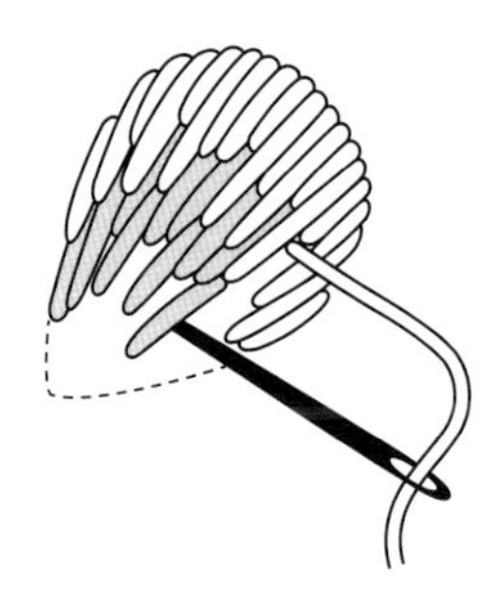

◆毛邊繡

邊飾及貼布繡都會用到的刺繡針法。

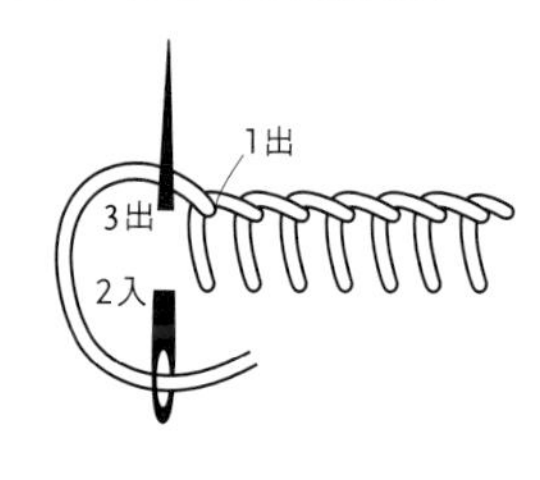

◆毛邊環狀繡

以毛邊繡繡出環狀圖案的針法。這次還用到了穿入珠子的刺繡技巧（參照p.49）。

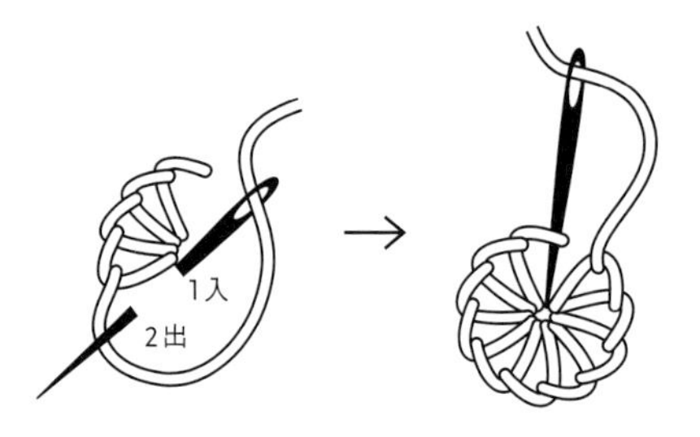

◆扇形飾邊繡

在本書中是運用於白線刺繡的飾邊。先沿著圖案的線條做平針繡，然後用毛邊繡把針腳覆蓋起來。

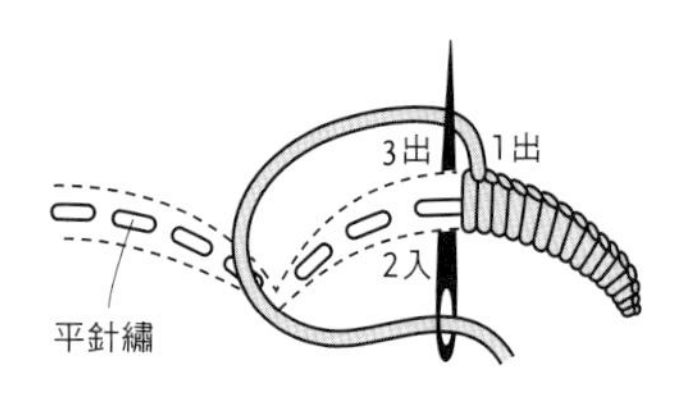

◆ 法國結粒繡

製作線結的刺繡針法。想要做出大小一致的漂亮線結，就一定要好好掌握以下的訣竅。

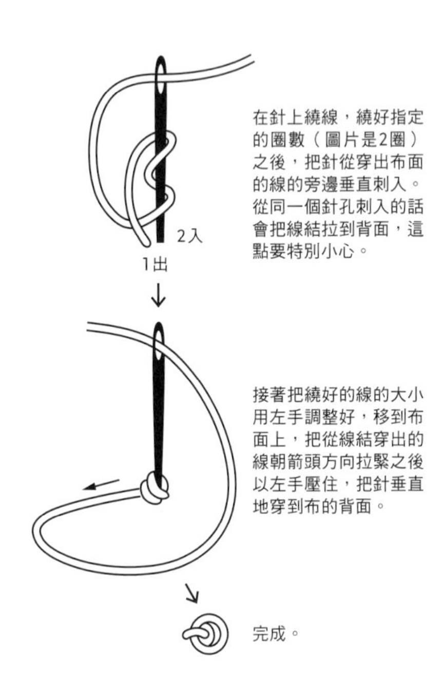

◆ 士麥那繡

一面製作線圈一面緊密地刺繡，以呈現出繡球般的立體質感。也可參照p.48。

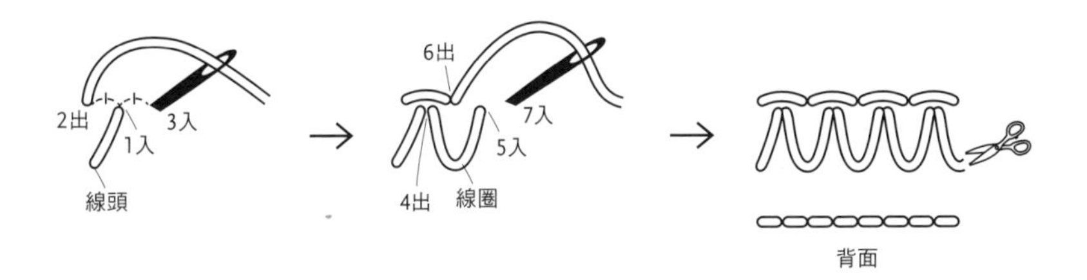

◆ 雛菊繡

把圈狀的線以針腳固定住，在表現葉子或花瓣時經常用到的刺繡針法。製作圈圈時不要把線拉得太緊是重點所在。

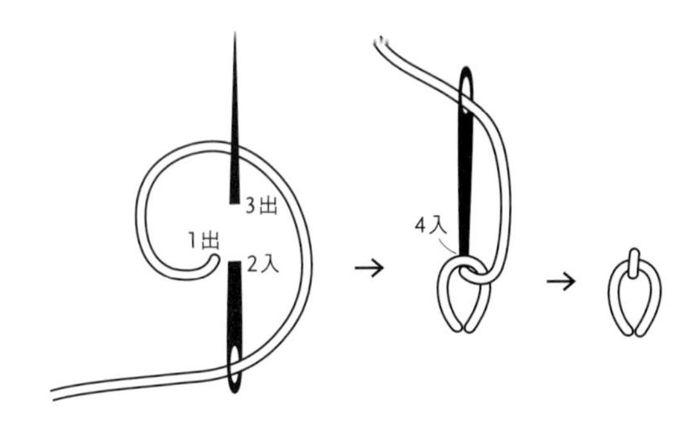

◆ 飛羽繡

把下垂的線以針腳固定成V字形的刺繡針法。線不要拉太緊，要一面刺繡一面調整形狀。

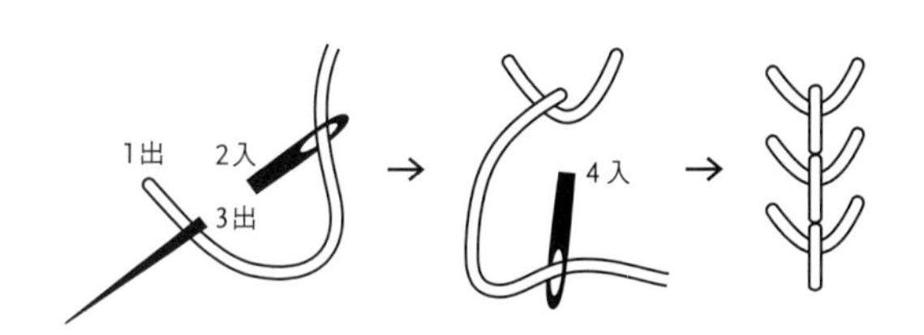

刺繡的技巧和最後的修飾

◎起針

⋆如果是需要填滿面積的情況（緞面繡或長短針繡等等），請在圖案的中間把針從布的背面穿到正面，先做3個2～3mm長的直針繡（固定線頭）之後再開始刺繡（參照p.45的流程1、2）。

⋆其他情況

在圖案的外側把針從布的正面穿到背面，預留10cm左右的線頭（參照p.49的流程1）。刺繡完畢之後，把預留的線頭拉到背面，穿針之後適當地纏繞在針腳上，把線剪斷。

◎收針

刺繡完畢之後，先把線適當地纏繞在背面的針腳上加以固定再剪斷。或是和填滿面積的刺繡起針一樣，在能夠隱藏針腳的不起眼處把線頭固定之後剪斷。在布背面的多餘線頭線尾都要剪短。

◎如何繡出漂亮的作品

*拉線的力道不能太鬆、也不能太緊，拉扯的力道太強的話可能會造成布料綻裂或鬆弛而失去光澤。

⋆下針時，布和針的角度要保持垂直。

⋆使用多股繡線來刺繡時，不可把線捻成一束，要隨時保持根根分離的狀態。若有糾纏捻合的情況，最好立刻整理分開。把繡線捻合的話會讓繡線互相纏繞而容易打結，繡出來的針腳就會不平均。

◎最後的熨燙修飾

刺繡好的作品最後還要經過熨燙修飾。燙衣板要事先鋪上乾淨柔軟的毛巾等等。在刺繡好的布料表面均勻地噴灑水霧之後，放在毛巾上。首先從背面開始，仔細燙平之後再翻到正面，蓋上防燙墊布，避免破壞刺繡部分小心地熨燙。

○關於本書的圖案標記

★圖案及紙型基本上都是實物尺寸。縮小圖的情況請依照指示放大來使用。

★圖案上已根據需要畫上了針腳的線條，請作為參考。長短針繡的花的中心部分和花心的位置，請把圖案的線條當作參考，一面考量整體的平衡一面刺繡。

★繡線除指定以外都使用DMC的25號繡線。圖案上標出的色名後方的（ ）是色號，圈起來的數字是使用的線的股數（例・②＝2股線）。

Let's Make
作品的作法

◆關於圖案的標記請參照p.53。

團花
brooch ► p.54

✚ Size 直徑5cm

材料
表布　亞麻布（灰） 10×10cm
裡布　法蘭絨 5×5cm
接著襯　10×10cm
不織布（白） 4×4cm
小圓珠（白） 約160個
胸針五金（圓台部分） 直徑5cm
簡針　1個
手藝用白膠
＊刺繡的方法請參照p.49。

作法
1 把裡布剪成和五金圓台一樣的大小，用白膠黏在圓台上。
2 把刺繡好的表布裁剪成圓台外圍加上1.5cm縫份的尺寸。預留5cm左右的線，在縫份的中央位置做縮縫。
3 把1包進2裡，將殘留的線2端拉緊、打結。在背面用線縫合固定。
4 把不織布剪成比成品小0.5cm的圓形，將簡針縫在中央偏上的位置。
5 把4的不織布的周圍縫合固定在胸針的背面。

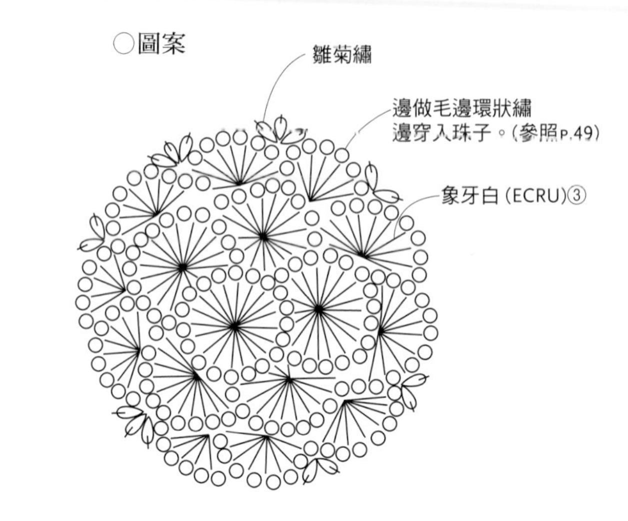

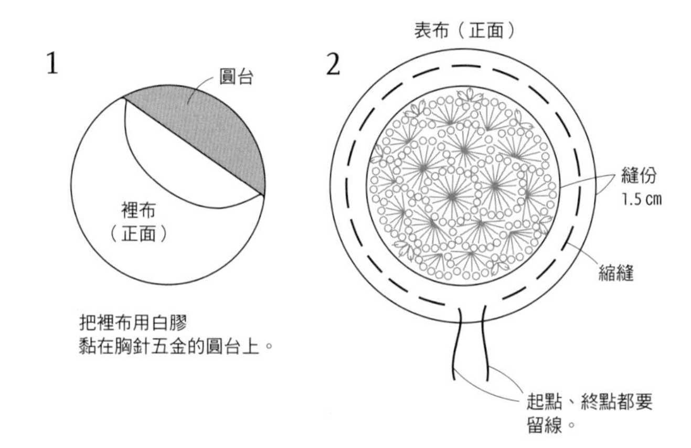

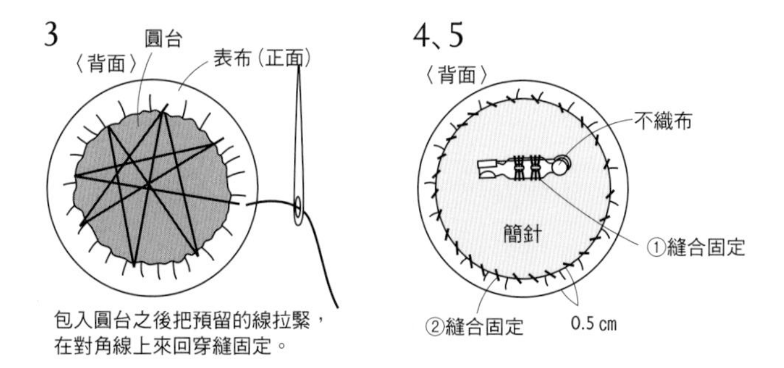

六種植物

motif ► p.5

★布　亞麻布（咖啡）

★左下的圖案使用小圓珠（白）約42個。

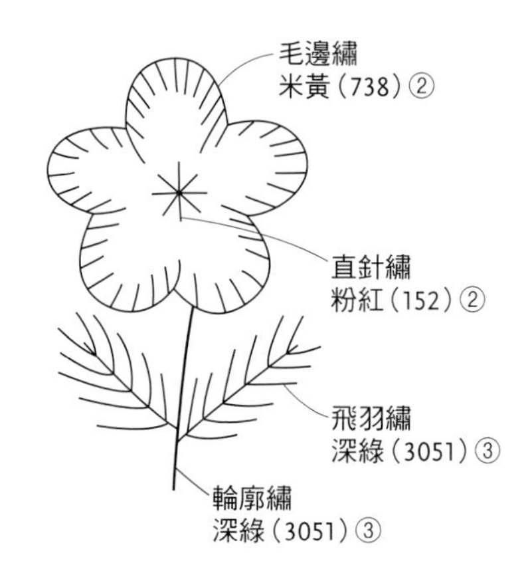

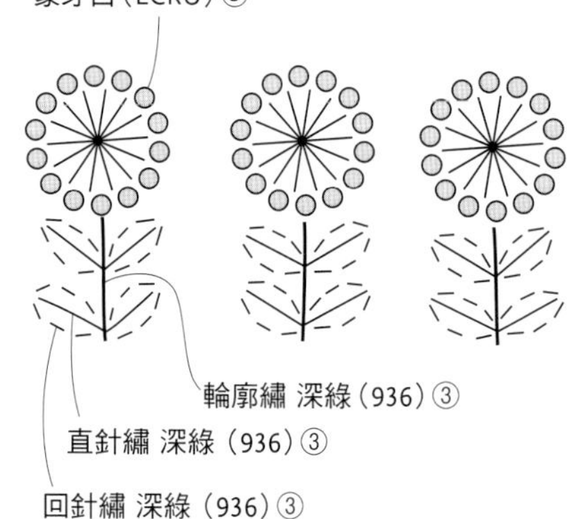

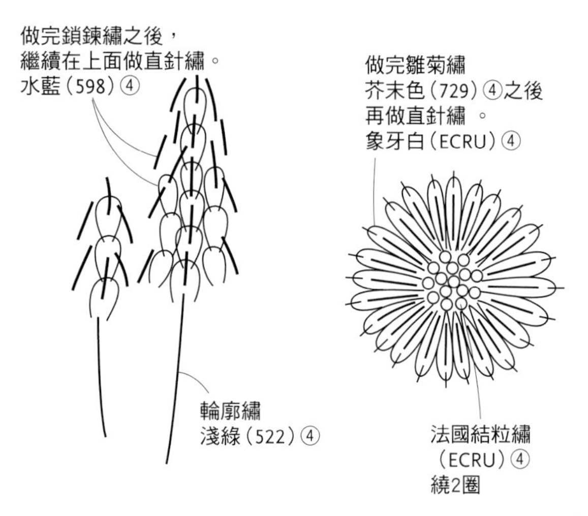

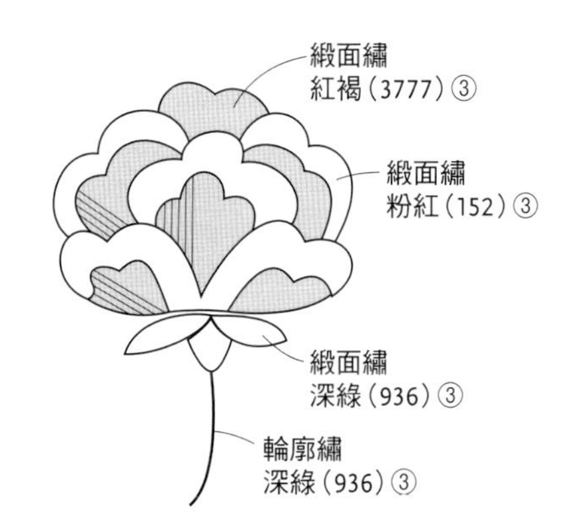

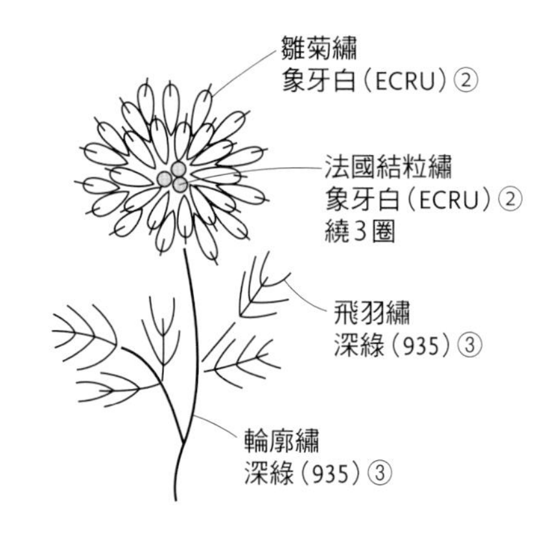

花束

motif ► p.6

★布　亞麻布（原色）
　緞帶　5mm寬15cm

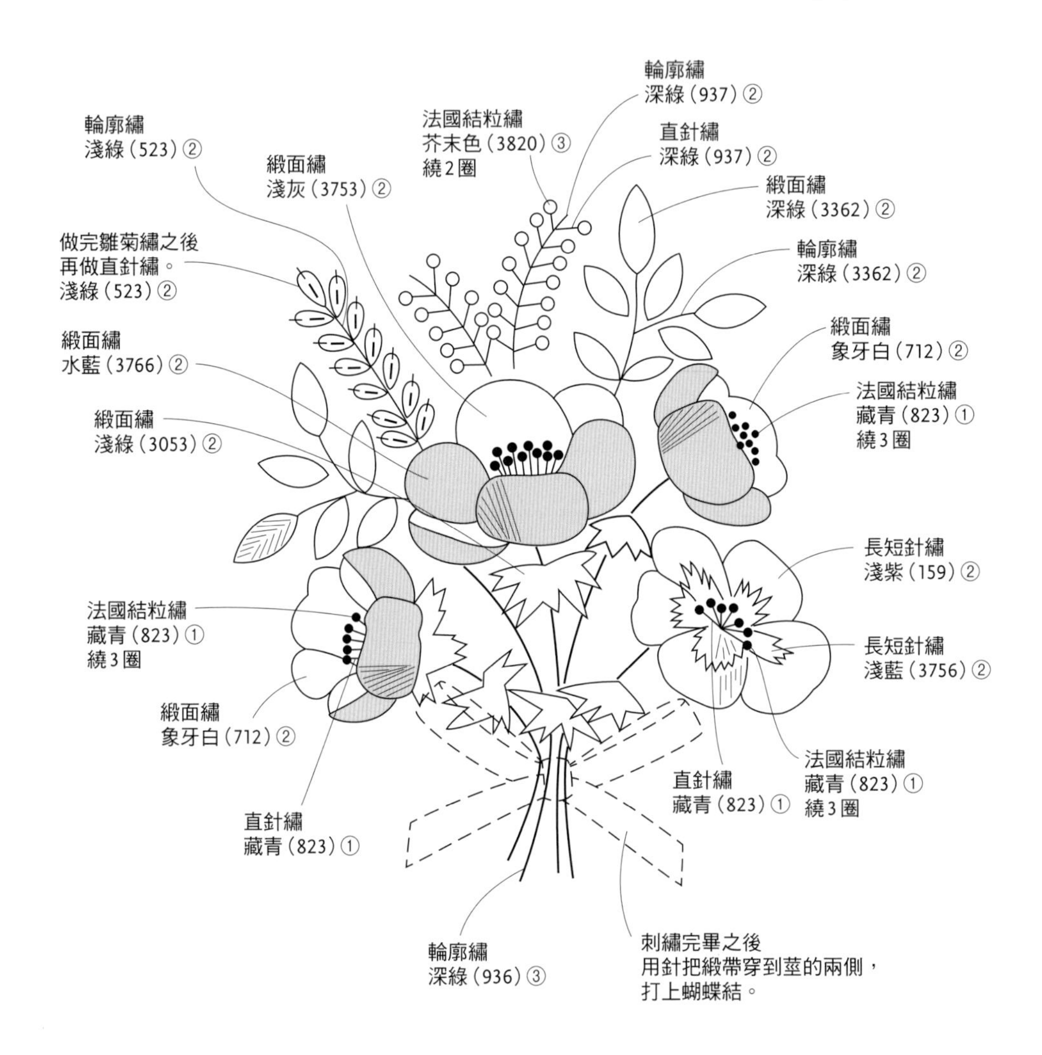

迷你花束
motif ▸ p.7

★布　亞麻布（灰）
緞帶　3mm寬12cm 3條
★圖案為80%的縮小圖。請放大125%至實物尺寸來使用。
★除指定以外請全部用輪廓繡來作業。

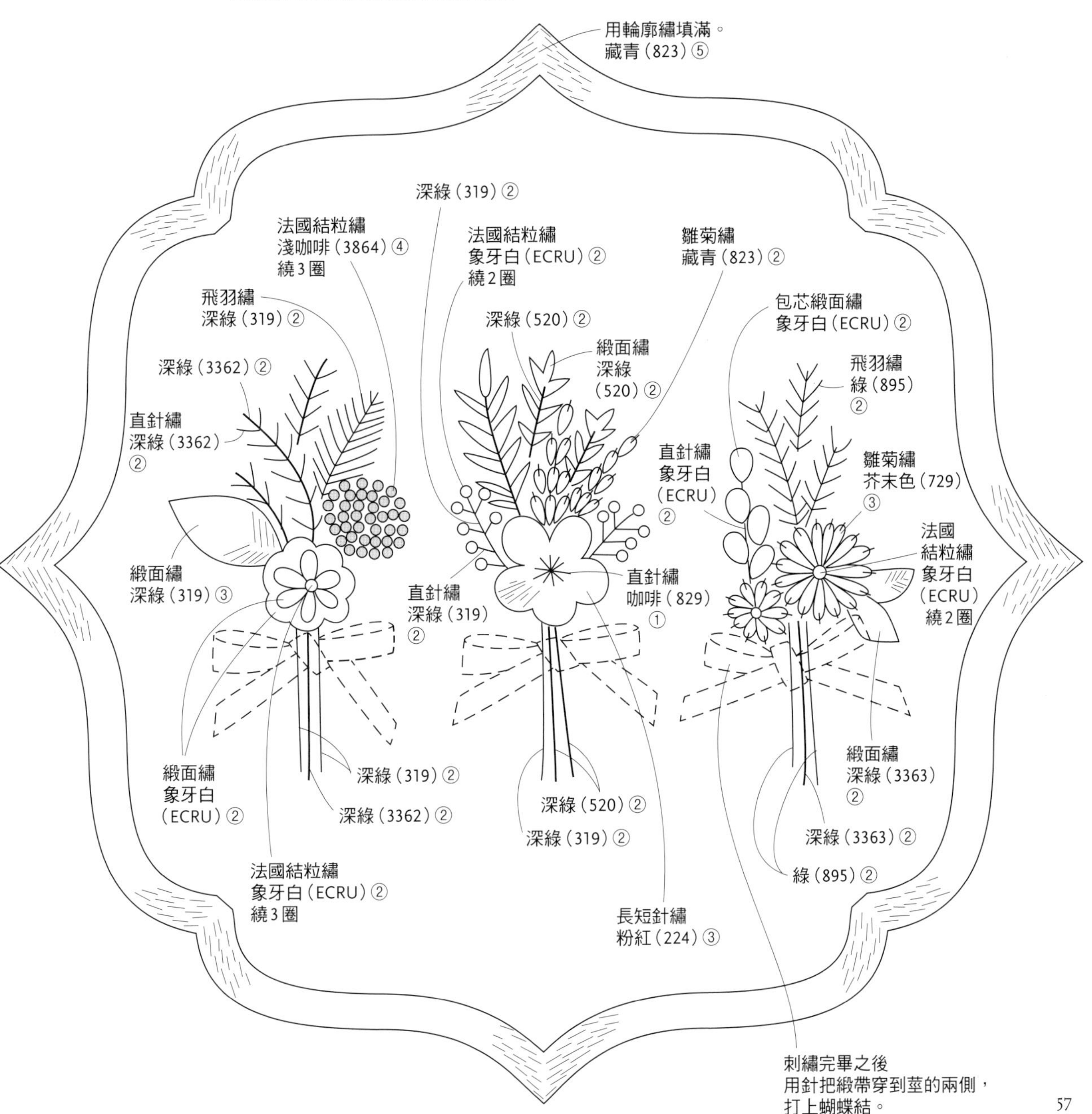

邊飾

handkerchieff ► p.8

✦ Size 23×23cm

材料

布　棉布（白）25×25cm

作法

1 把圖案對準中央的記號，邊轉動邊描繪在布上，在完成線的內側進行刺繡。

2 把縫份折成三折，以藏針縫收邊。

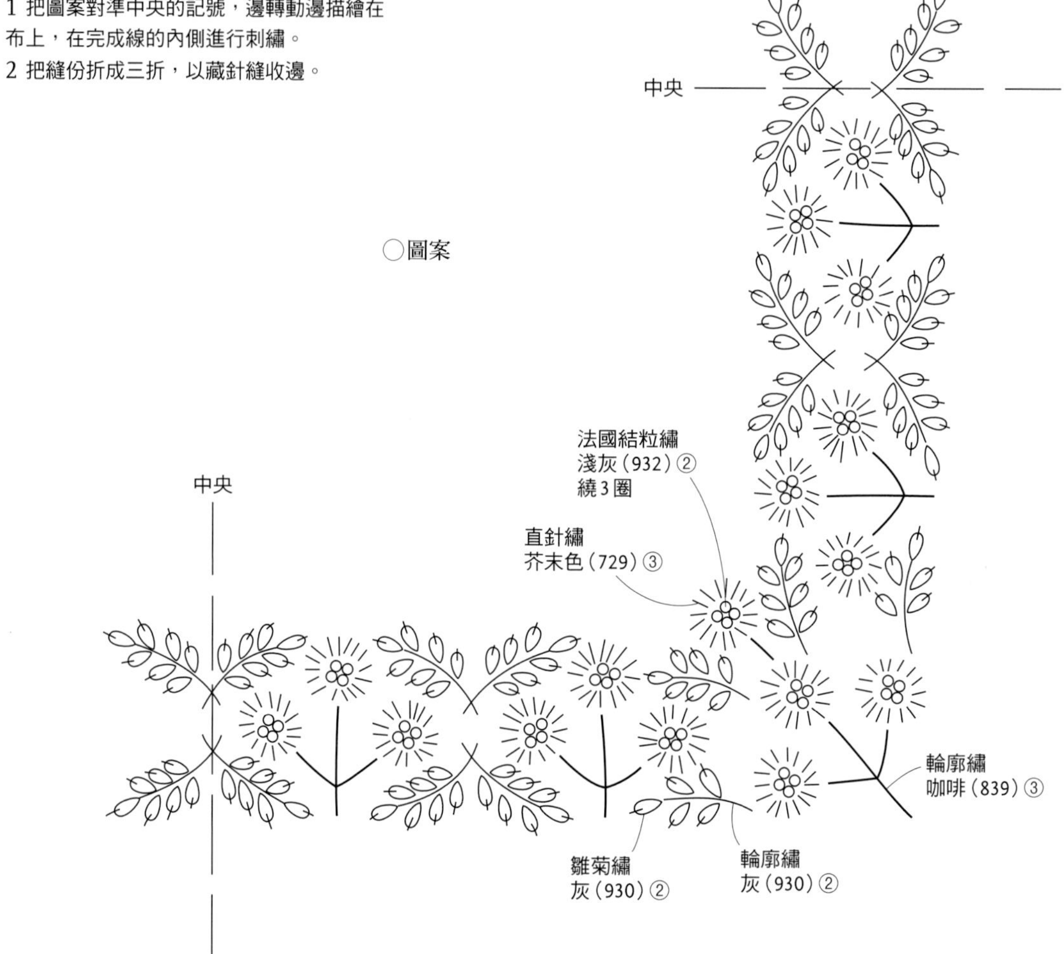

1

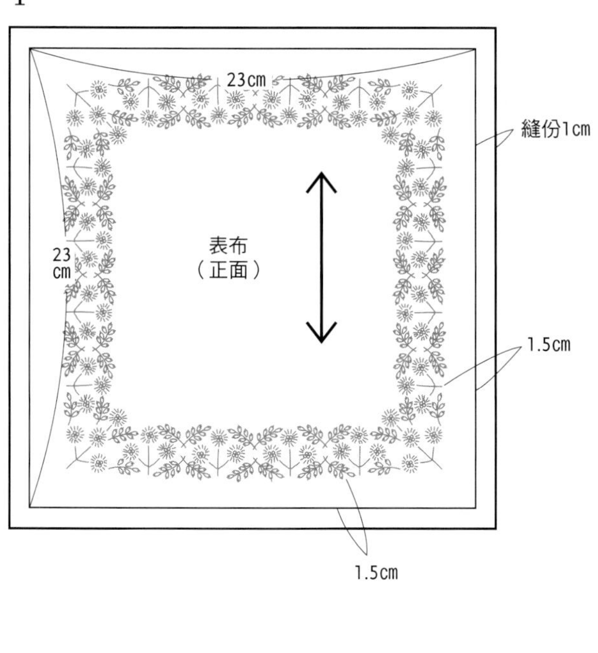

2

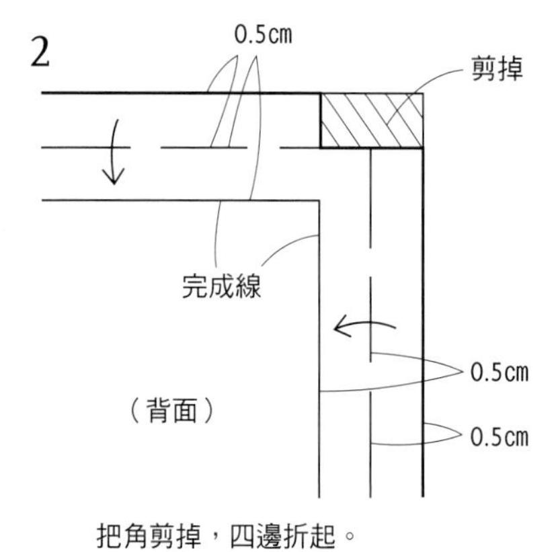

把角剪掉，四邊折起。

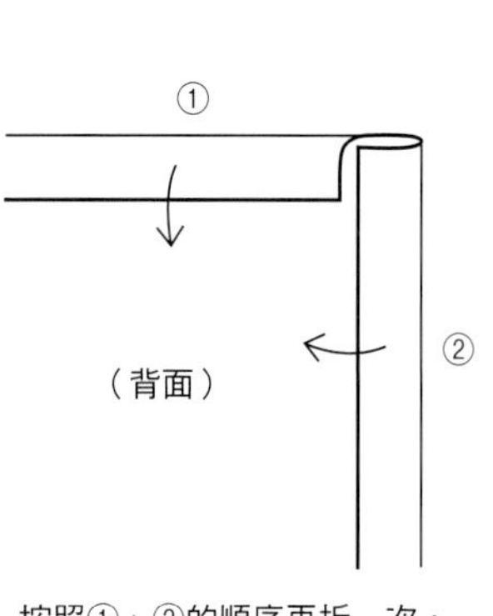

按照①、②的順序再折一次，
折成三折。

3

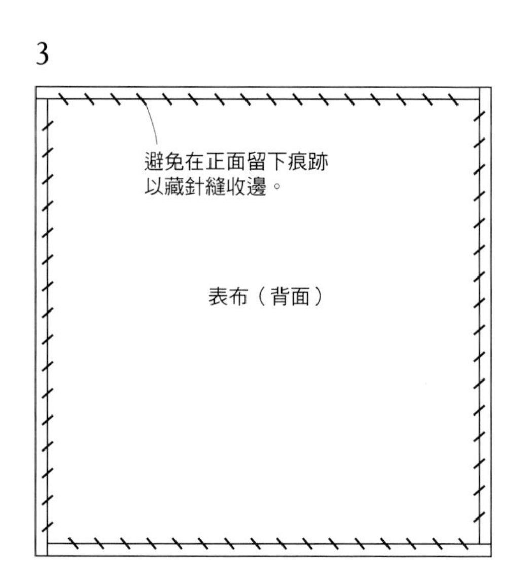

白線刺繡

doily ► p.10

★布　亞麻布（白）25×25cm

★圖案為80%的縮小圖。請放大125%至實物尺寸來使用。

★周圍的扇形飾邊繡請使用Coton à Broder的25號白色（BLANC）1股、中間的刺繡全部使用25號繡線的白色（BLANC）2股來作業。

★刺繡完畢之後，請沿著扇形飾邊繡的邊緣剪下。

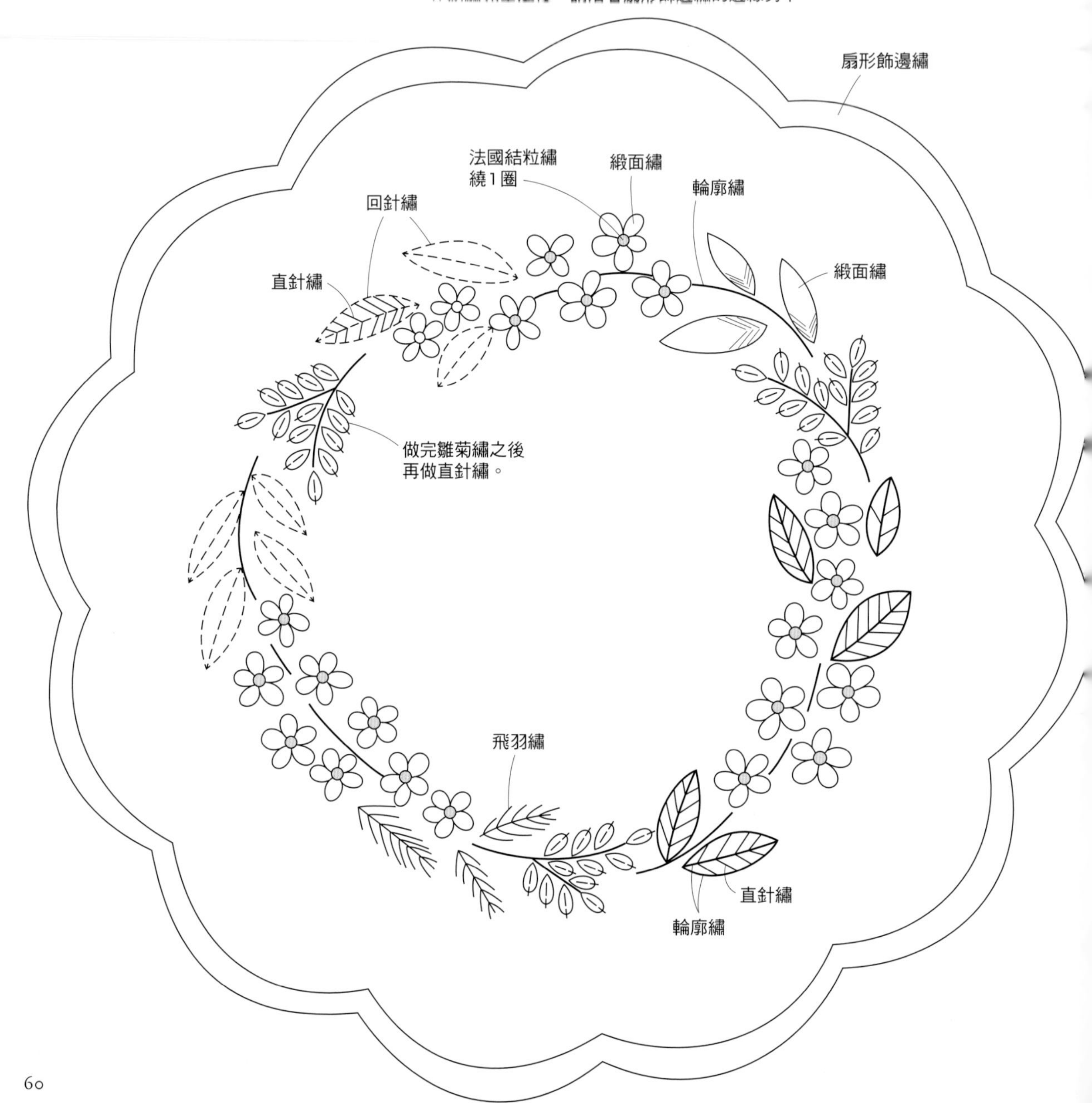

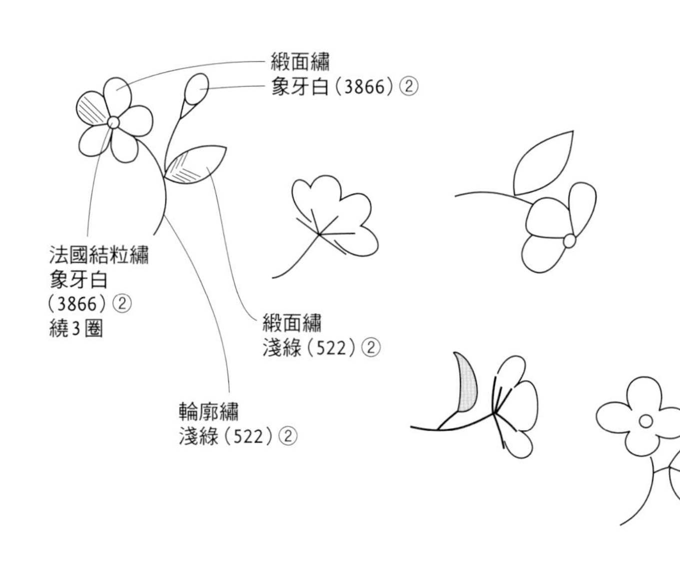

花與箱

motif ► p.13

⋆布　亞麻布（黑）

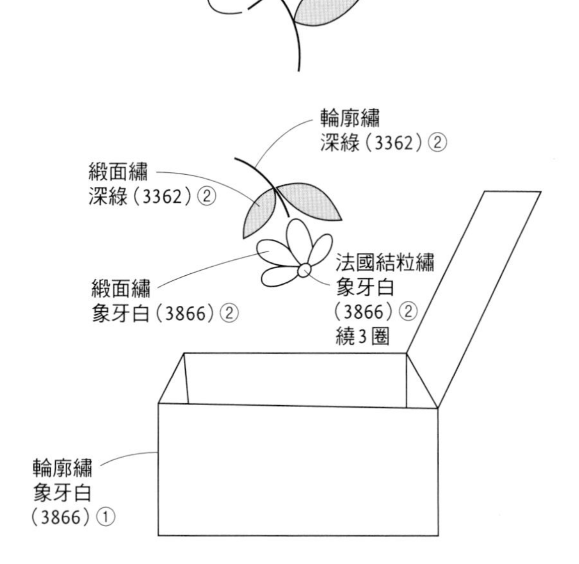

小枝花樣

barrette ► p.12

・A、B都用白色（3865）2股線來刺繡。

✚ Size A約9×1.5cm
B約9.5×4.5cm

材料
表布　亞麻布（黑） 各15×15cm
接著襯　各15×15cm
不織布（黑） A 10×2cm、B 10×5cm
棉襯　B 10×5cm
厚紙板　A 10×2cm、B 10×5cm
髮夾五金　A 6cm寬、B 8cm寬 各1個
手藝用白膠

◯圖案A

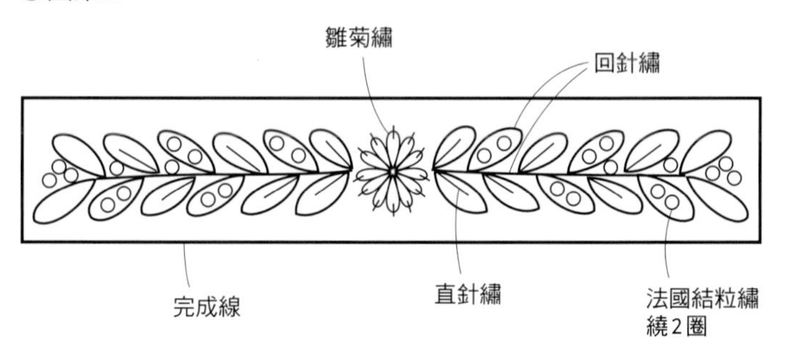

作法

A

1 在刺繡好的圖案周圍加上縫份裁剪下來。
2 放入厚紙板，上下折疊起來，在背面用線縫合固定。
3 把兩端折疊起來，縫合固定。
4 參照圖片將不織布剪成比成品略小的尺寸，縫上髮夾五金。用白膠把不織布黏在背面。

B

1 在刺繡好的圖案周圍加上1.5cm縫份裁剪下來。預留5cm左右的線，在縫份的中央位置做縮縫。
2 依序放入棉襯、厚紙板之後，把殘留的線的兩端拉緊、打結。在背面用線縫合固定。
3 把不織布剪成比成品小0.3cm的尺寸，縫上髮夾五金。
4 在3的不織布的外圍留下0.5cm，塗上白膠黏在2的背面。周圍用線縫合固定。

作法 A

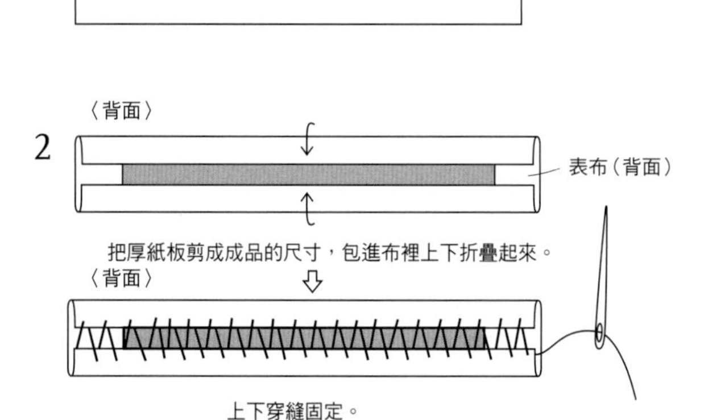

上下穿縫固定。

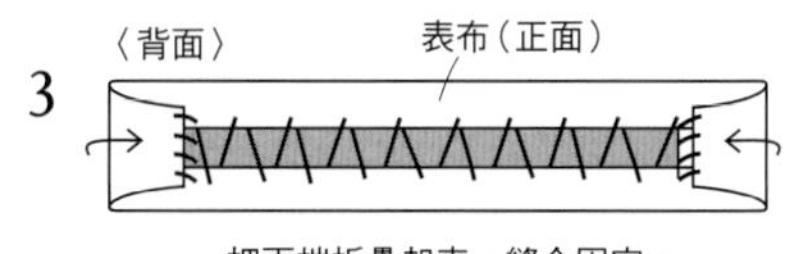

把兩端折疊起來，縫合固定。

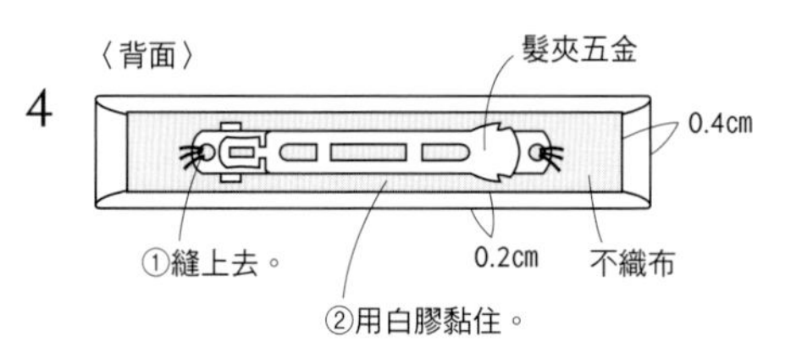

○圖案B

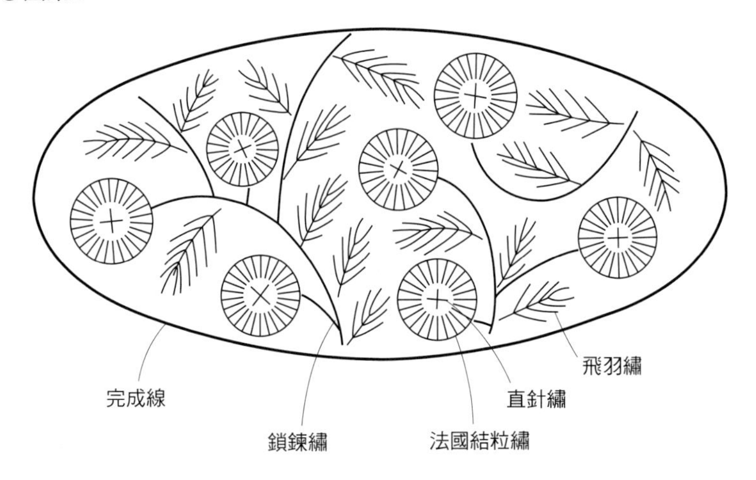
飛羽繡
完成線
直針繡
鎖鍊繡
法國結粒繡

作法 B

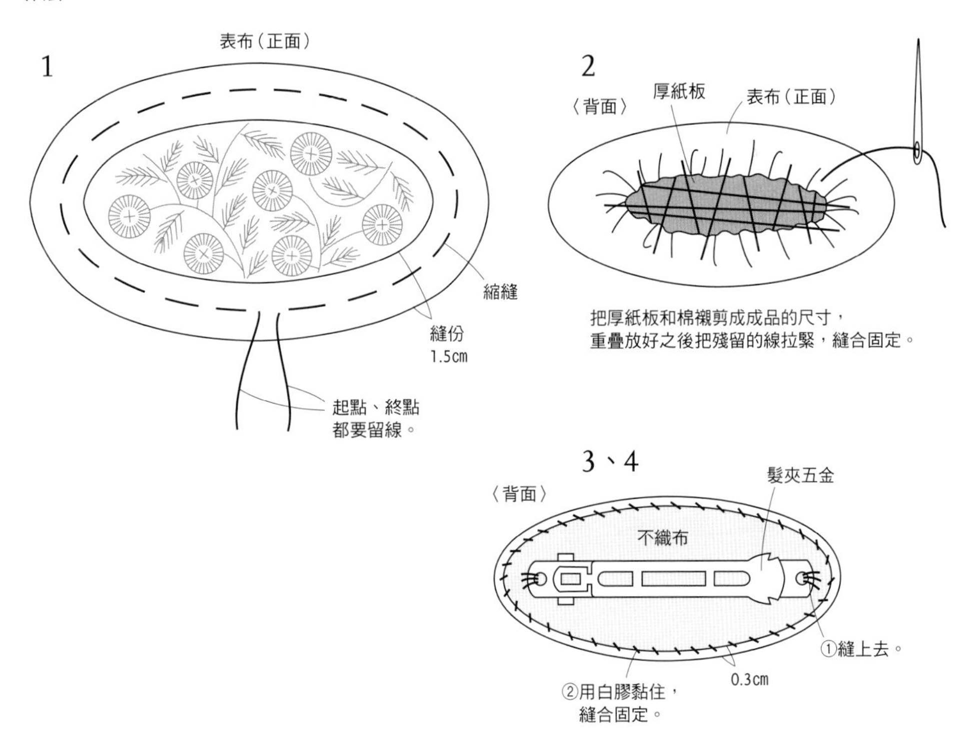
表布（正面）
1
縮縫
縫份
1.5cm
起點、終點
都要留線。
2
〈背面〉
厚紙板
表布（正面）
把厚紙板和棉襯剪成成品的尺寸，
重疊放好之後把殘留的線拉緊，縫合固定。
3、4
〈背面〉
髮夾五金
不織布
①縫上去。
0.3cm
②用白膠黏住，
縫合固定。

絨球
brooch ► p.14

✦ Size A、B約8×8cm
C約5×8cm

材料
表布　不織布（米黃）各10×10cm
布　亞麻布（綠・葉、莖用）各10×25cm
鐵絲（26號・莖用）10cm各1支
鐵絲（30號・葉用）
A、B 10cm各2支、C 10cm 6支
簡針　各1個
手藝用白膠
＊葉、莖用的亞麻布要先用加了白膠的熱水（以1:10的比例混合）浸溼、稍微擰乾，等乾燥之後再使用。

作法
1 剪下刺繡好的葉子，把2片葉子塗上白膠、夾住鐵絲黏合起來。
2 把刺繡好的花沿著周圍的形狀剪下。將莖用的布裁剪成0.5cm寬的布條。
3 把不織布裁剪成和花一樣的大小，縫上簡針。將纏上布條的鐵絲黏在花的背面，用不織布夾住鐵絲黏合起來。
4 把黏在葉子上的鐵絲靠在花莖旁，繼續用布條纏繞起來。把葉子的刺繡面轉至正面。彎曲鐵絲調整形狀。

○圖案A、B

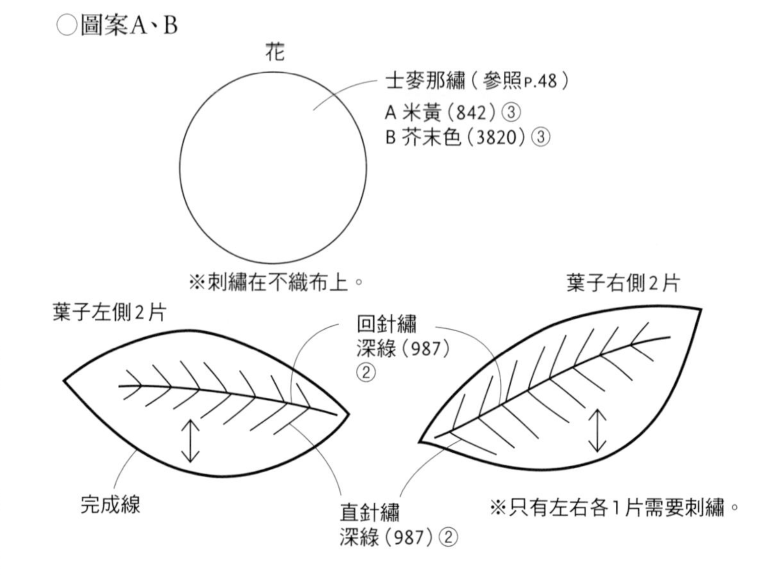

○圖案C

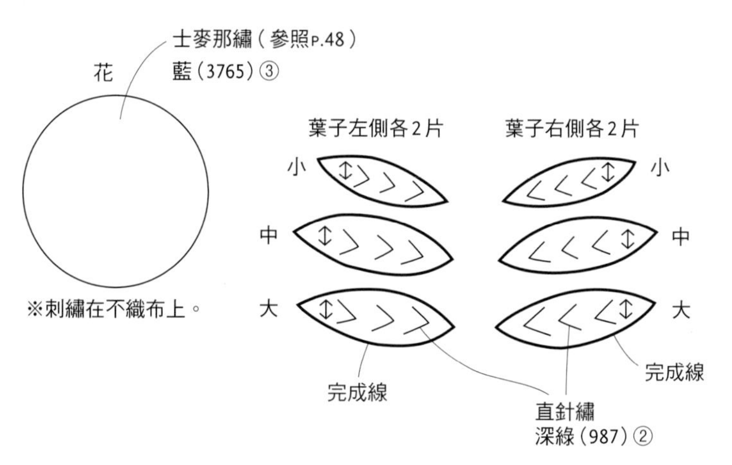

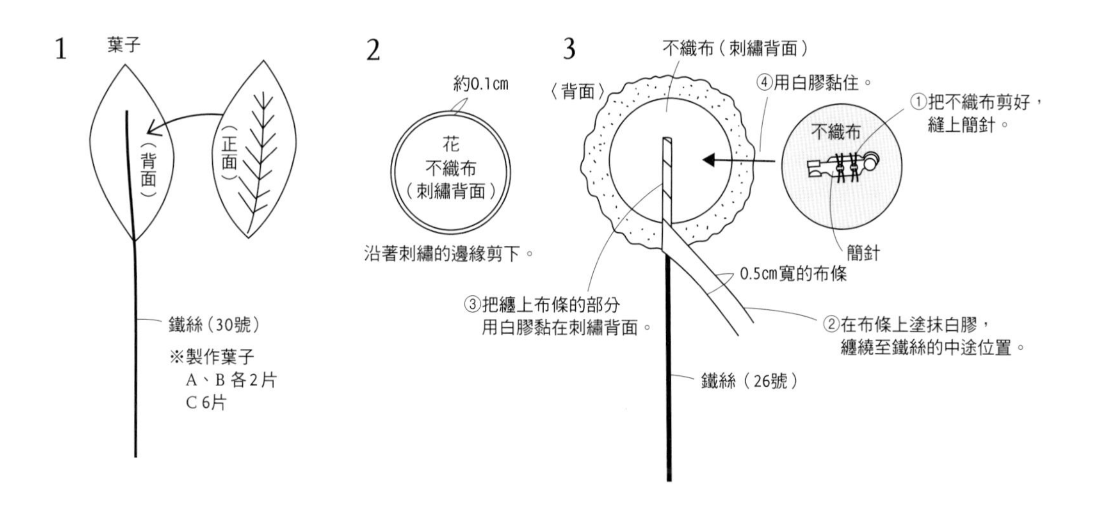
1
葉子
（背面）
（正面）
鐵絲（30號）
※製作葉子
A、B 各2片
C 6片
2
約0.1cm
花
不織布
（刺繡背面）
沿著刺繡的邊緣剪下。
3
不織布（刺繡背面）
〈背面〉
④用白膠黏住。
①把不織布剪好，
縫上簡針。
不織布
簡針
0.5cm寬的布條
③把纏上布條的部分
用白膠黏在刺繡背面。
②在布條上塗抹白膠，
纏繞至鐵絲的中途位置。
鐵絲（26號）

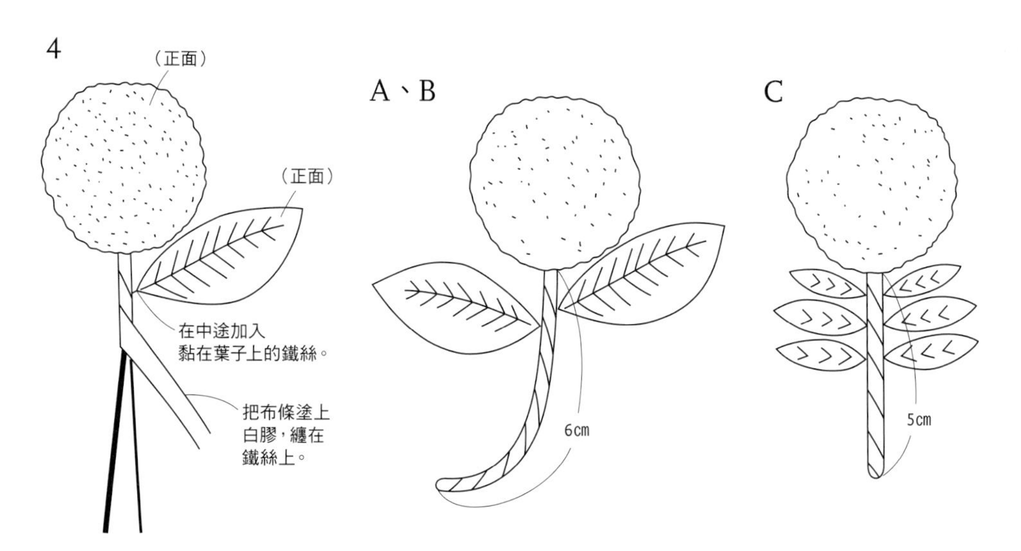
4
（正面）
（正面）
在中途加入
黏在葉子上的鐵絲。
把布條塗上
白膠，纏在
鐵絲上。
A、B
6cm
C
5cm

蝴蝶

wappen ► p.16

✦ Size 約5×4cm

材料
表布　棉布（白） 各10×10cm
接著襯　各10×10cm
奇異襯　各6×6cm
人造花用花蕊（黑） 各2根

作法
1 在刺繡好的布的背面貼上奇異襯，用熨斗熨燙黏合。
2 沿著刺繡周圍的形狀剪下。
3 在背面縫上2根花蕊。

○圖案

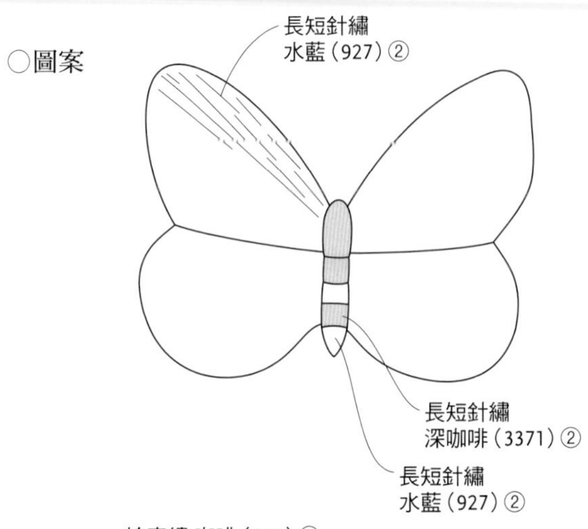

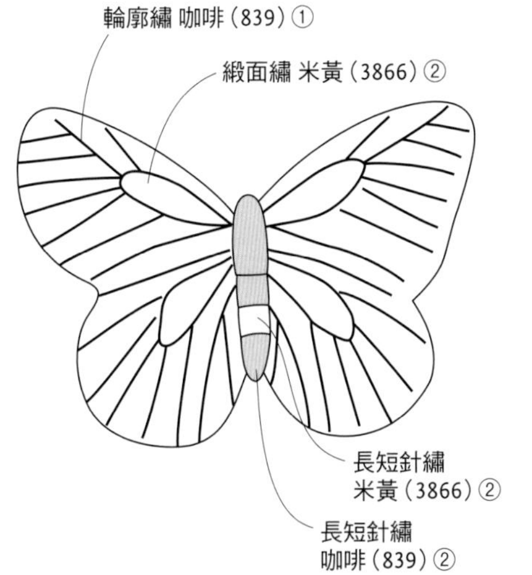

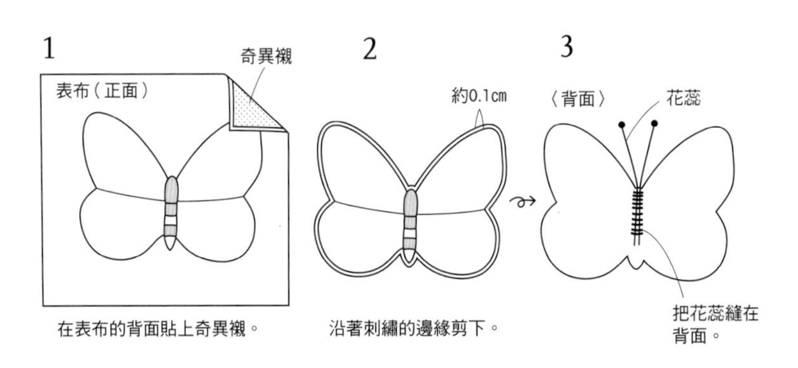

框

motif ► p.17

★布　亞麻布（淺粉紅）
　人造花用花蕊（咖啡） 2根

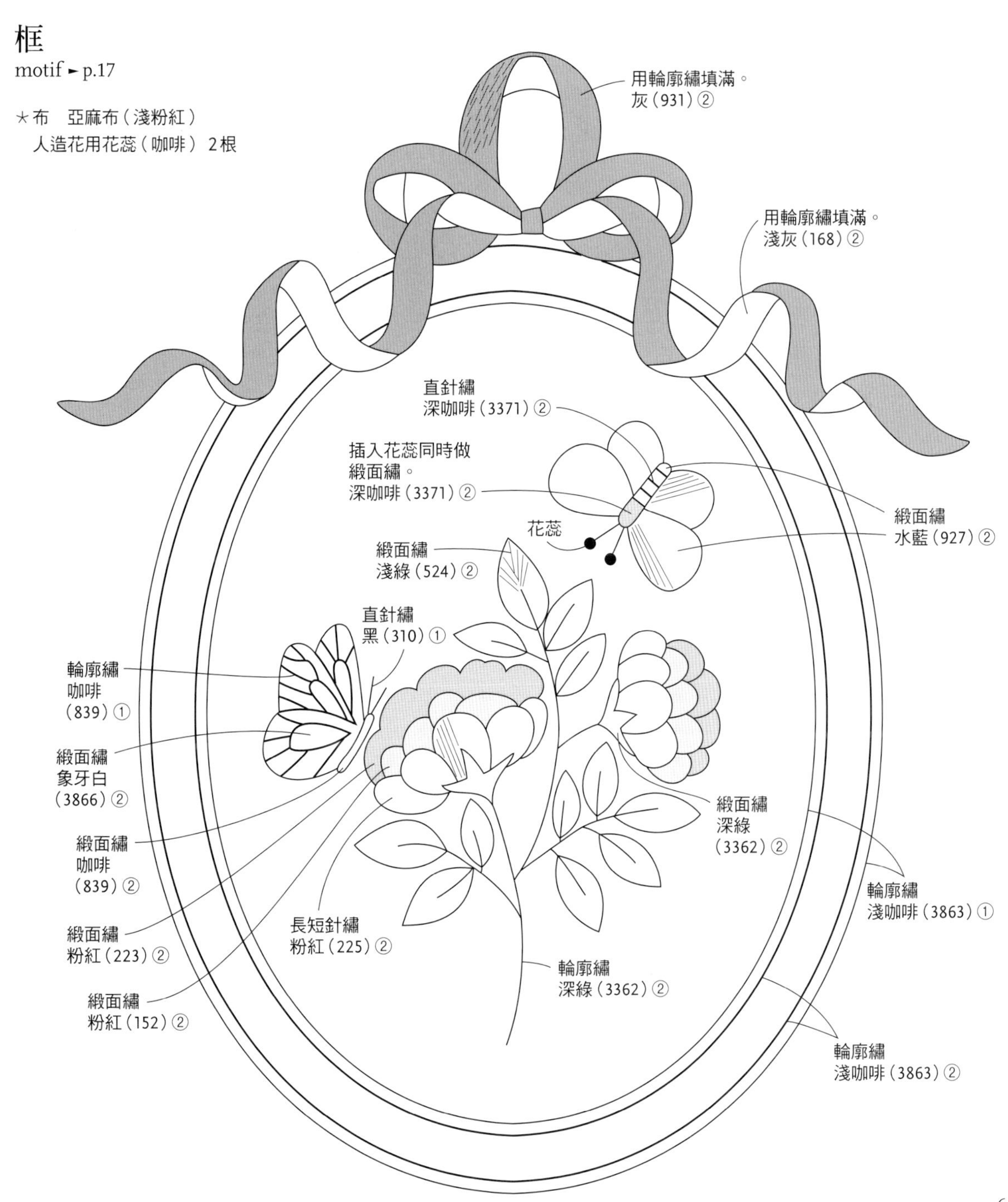

山茶花

motif ▸ p.18

★布　亞麻布（白）

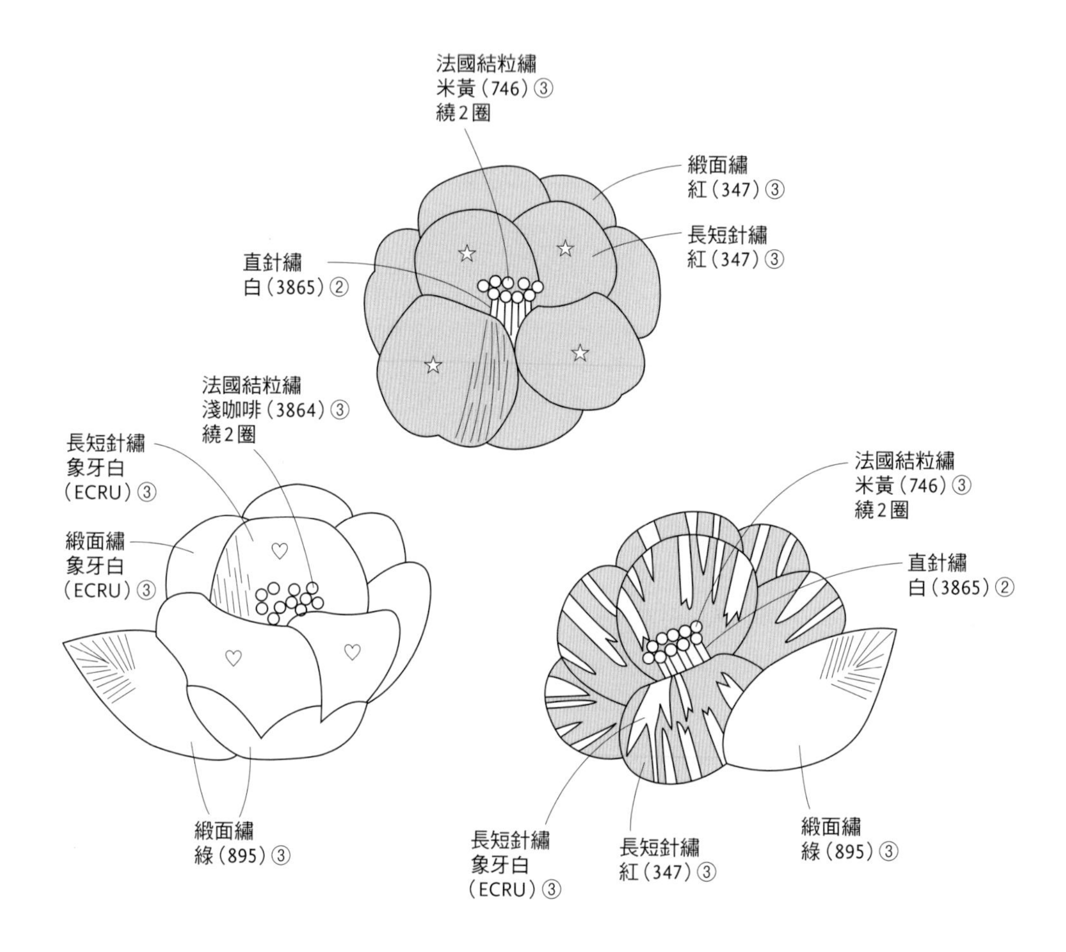

山茶花

pin brooch ► p.19

✚ Size 約4.5×8cm

材料

表布　棉布（白）10×10cm

接著襯　10×10cm

不織布（米黃）5×5cm

厚紙板　3×3cm

帽針　1個

手藝用白膠

作法

1 沿著刺繡周圍的形狀剪下。

2 把厚紙板剪成直徑3cm，用白膠黏在刺繡的背面。把帽針放在上面。

3 把不織布塗上白膠、夾住帽針黏合起來。接著把周圍剪掉。

○圖案

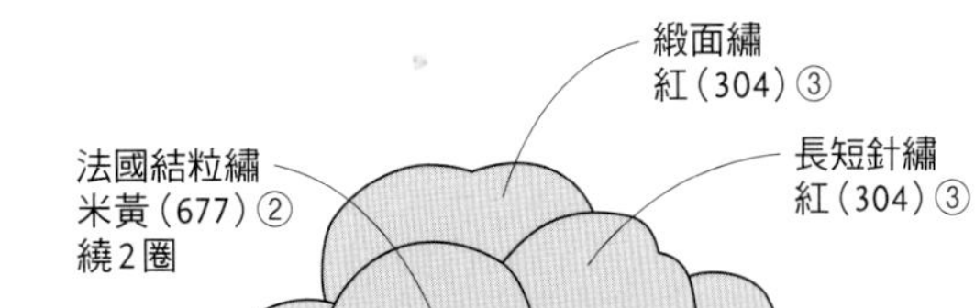

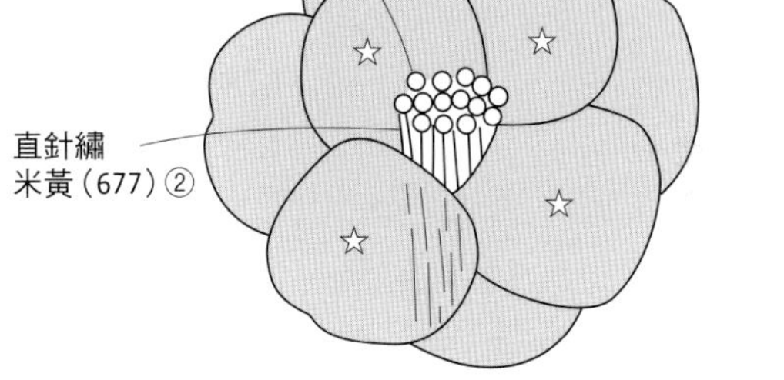

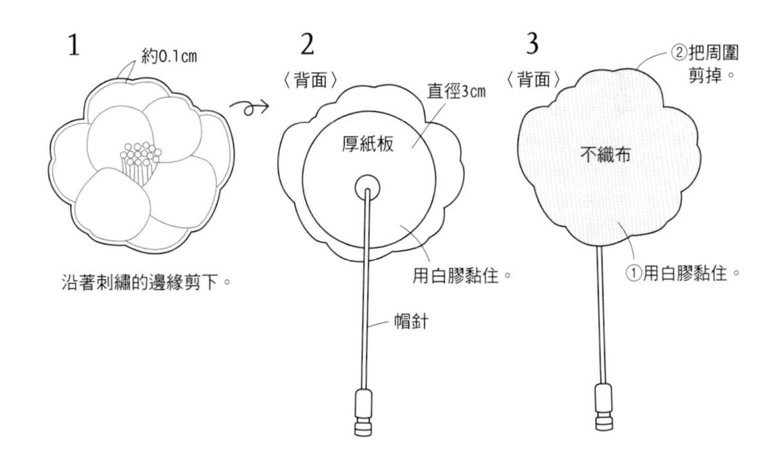

印花布風

bag ► p.20

✚ Size 寬23×深14cm（不含五金）

材料

表布A　亞麻布（原色）30×30cm
表布B　亞麻布（灰）30×7cm
表布C　亞麻布（紅）30×18cm
裡布　棉布（白）30×35cm
接著襯　60×25cm
口金　18cm寬１個
紙繩　約54cm
手藝用白膠

作法

1 把刺繡好的表布縫合，攤開縫份。
2 把表布、裡布分別正面對正面疊好，縫合側面和底部，再縫出折角。
3 把表布和裡布正面對正面套在一起，縫合開口部分。縫的時候記得在其中一側留下返口。
4 從返口翻回正面，在開口的周圍縫上裝飾線。
5 裝上口金之後就完成了。

○紙型

⋆紙型為50%的縮小圖。
　請放大200%至實物尺寸來使用。

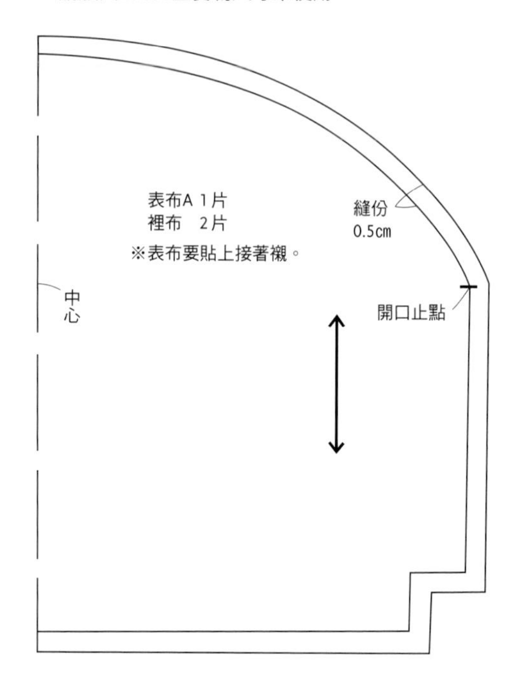

表布B 1片
縫份0.5cm
中心
刺繡位置

表布C 1片
縫份0.5cm
中心
刺繡位置

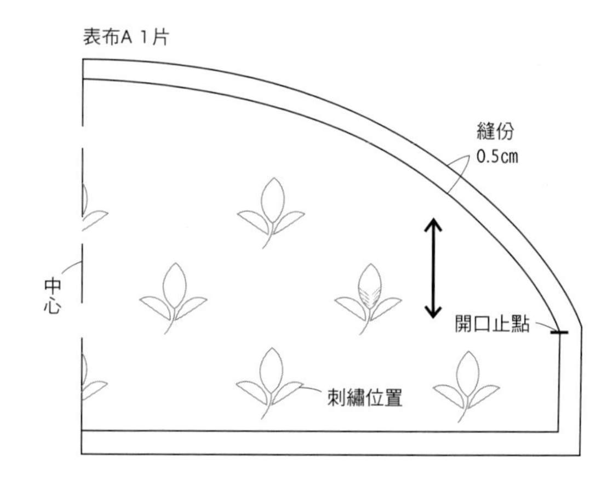

◆圖案在p.72。

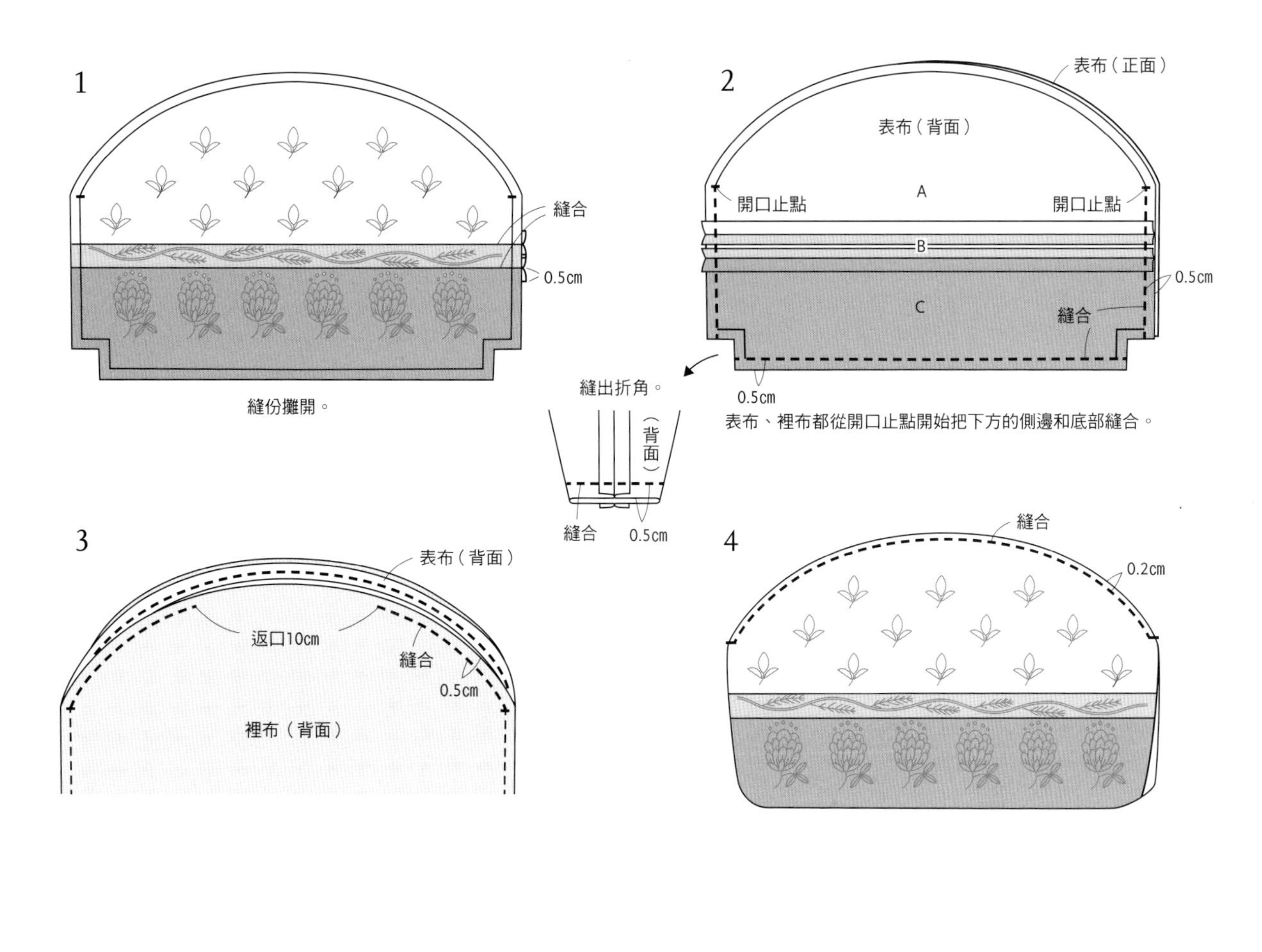

口金的安裝法

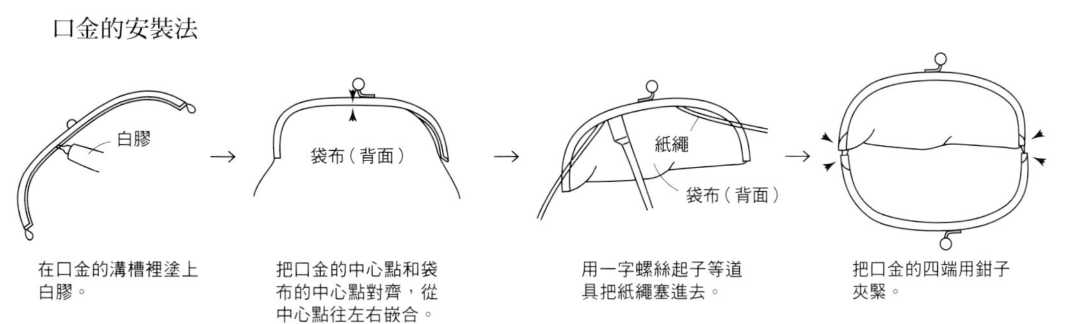

在口金的溝槽裡塗上白膠。

把口金的中心點和袋布的中心點對齊，從中心點往左右嵌合。

用一字螺絲起子等道具把紙繩塞進去。

把口金的四端用鉗子夾緊。

◯圖案（印花布風）►p.20、p.70

★紙型為80%的縮小圖。
請放大125%至實物尺寸來使用。

表布A圖案

緞面繡
紅褐（355）③

輪廓繡
紅褐（355）③

表布B圖案

輪廓繡
芥末色（3852）③

飛羽繡
芥末色（3852）③

表布C圖案

法國結粒繡
象牙白
（ECRU）②
繞3圈

法國結粒繡
象牙白
（ECRU）②
繞2圈

直針繡
象牙白
（ECRU）②

輪廓繡
象牙白
（ECRU）②

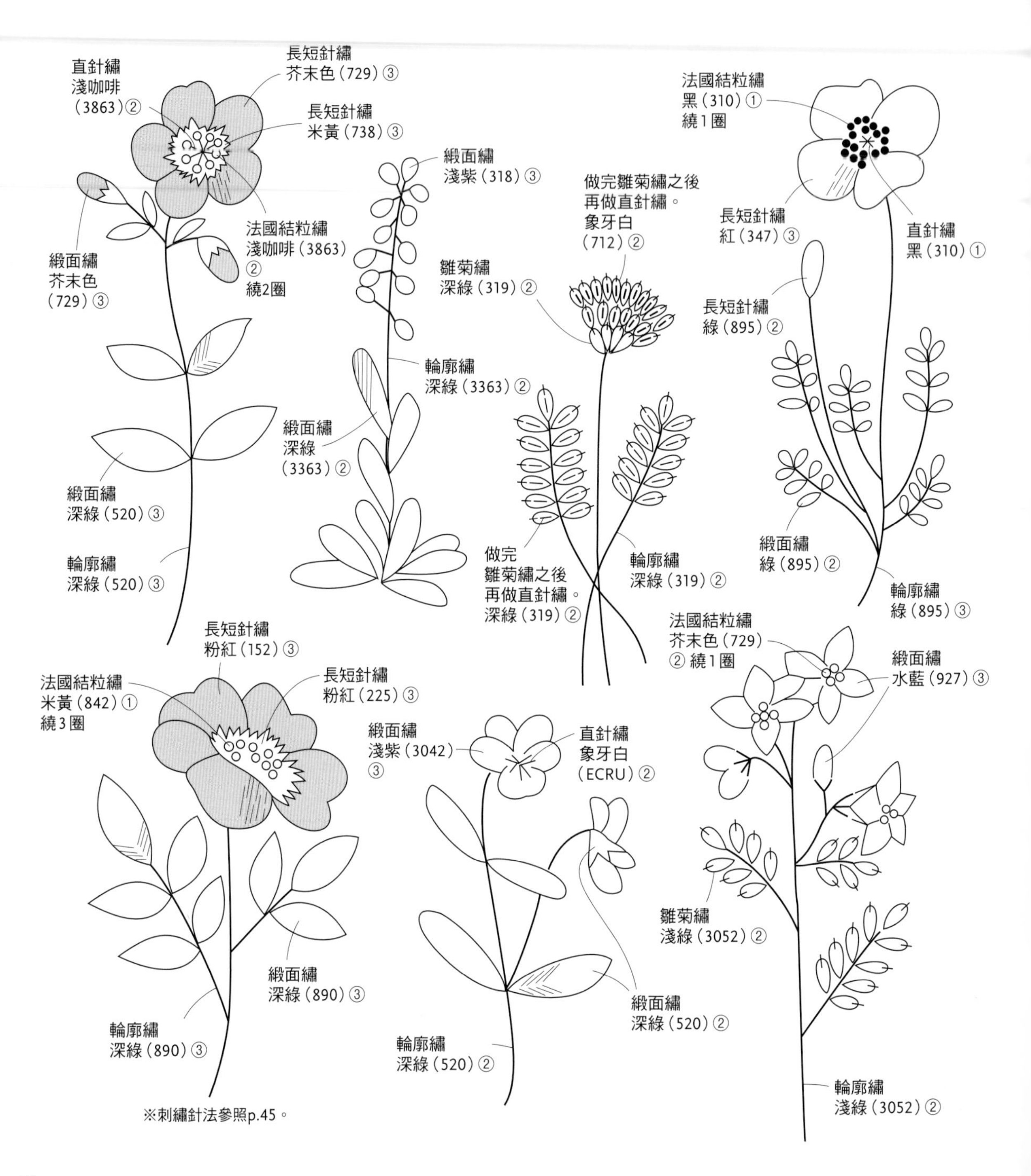
直針繡
淺咖啡
(3863)②
長短針繡
芥末色(729)③
長短針繡
米黃(738)③
法國結粒繡
淺咖啡(3863)
②
繞2圈
緞面繡
芥末色
(729)③
緞面繡
深綠(520)③
輪廓繡
深綠(520)③
緞面繡
淺紫(318)③
輪廓繡
深綠(3363)②
緞面繡
深綠
(3363)②
雛菊繡
深綠(319)②
做完雛菊繡之後
再做直針繡。
象牙白
(712)②
做完
雛菊繡之後
再做直針繡。
深綠(319)②
輪廓繡
深綠(319)②
法國結粒繡
黑(310)①
繞1圈
長短針繡
紅(347)③
直針繡
黑(310)①
長短針繡
綠(895)②
緞面繡
綠(895)②
輪廓繡
綠(895)③
長短針繡
粉紅(152)③
法國結粒繡
米黃(842)①
繞3圈
長短針繡
粉紅(225)③
緞面繡
深綠(890)③
輪廓繡
深綠(890)③
緞面繡
淺紫(3042)
③
直針繡
象牙白
(ECRU)②
緞面繡
深綠(520)②
輪廓繡
深綠(520)②
法國結粒繡
芥末色(729)
②繞1圈
緞面繡
水藍(927)③
雛菊繡
淺綠(3052)②
輪廓繡
淺綠(3052)②

※刺繡針法參照p.45。

WILD FLOWERS

► p.23

★布　亞麻布（米黃）

★圖案在左頁。

WHITE FLOWERS

► p.24

★布　亞麻布（灰）

★圖案為80%的縮小圖。請放大125%至實物尺寸來使用。

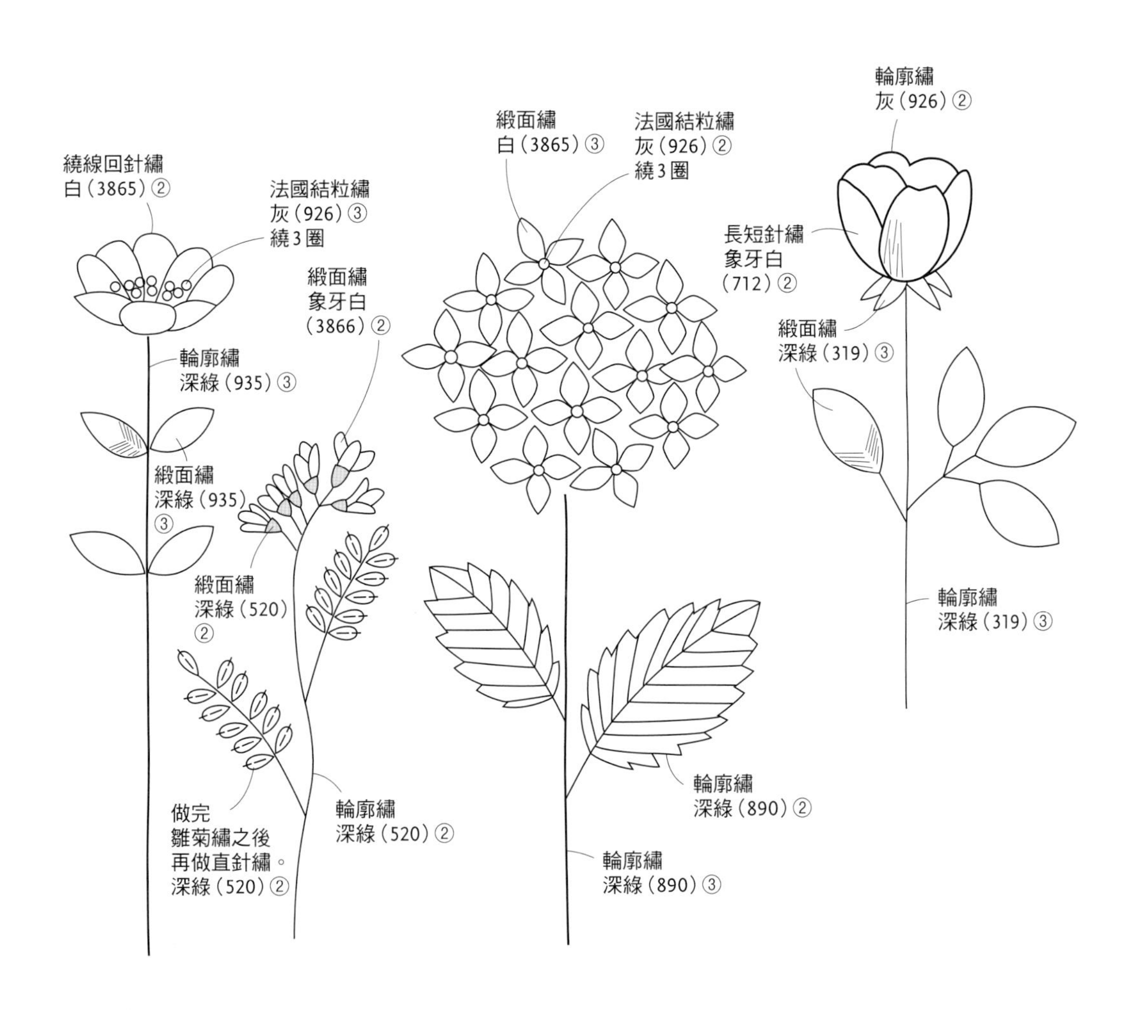

Yellow Flowers

► p.25

＊布　亞麻布（米黃）

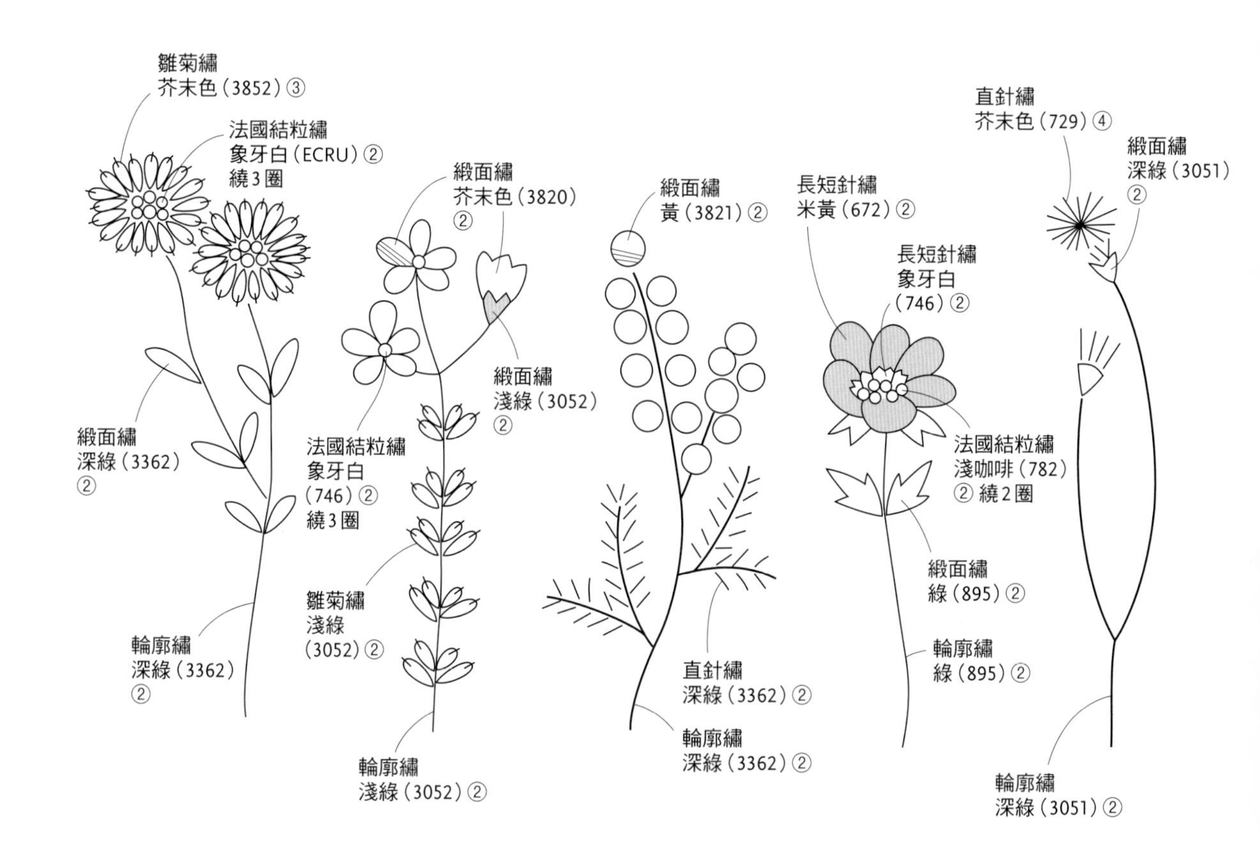

Lavender

► p.26

★布　亞麻布（米黃）

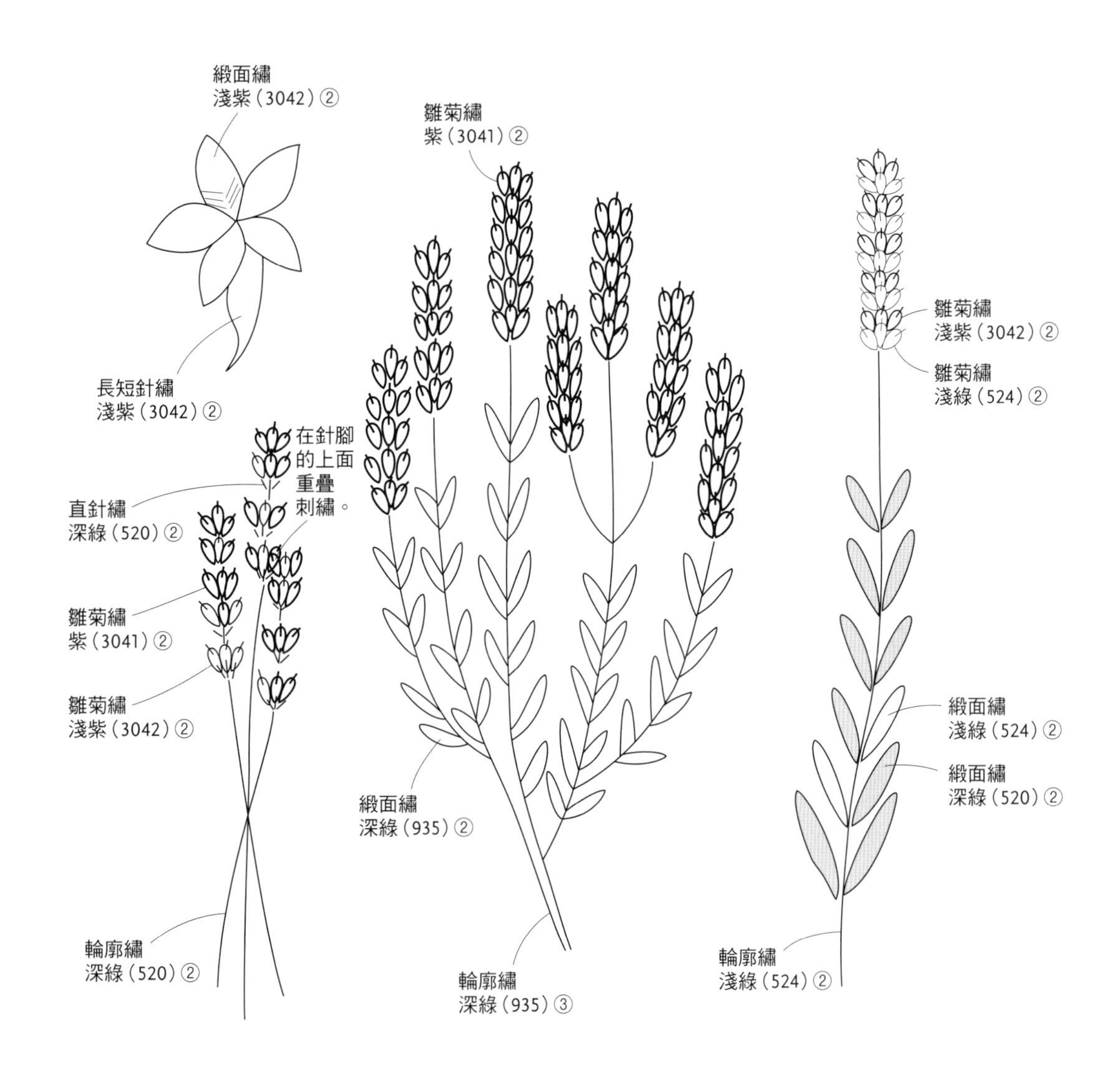

HYACINTH

► p.27

★布　亞麻布（白）

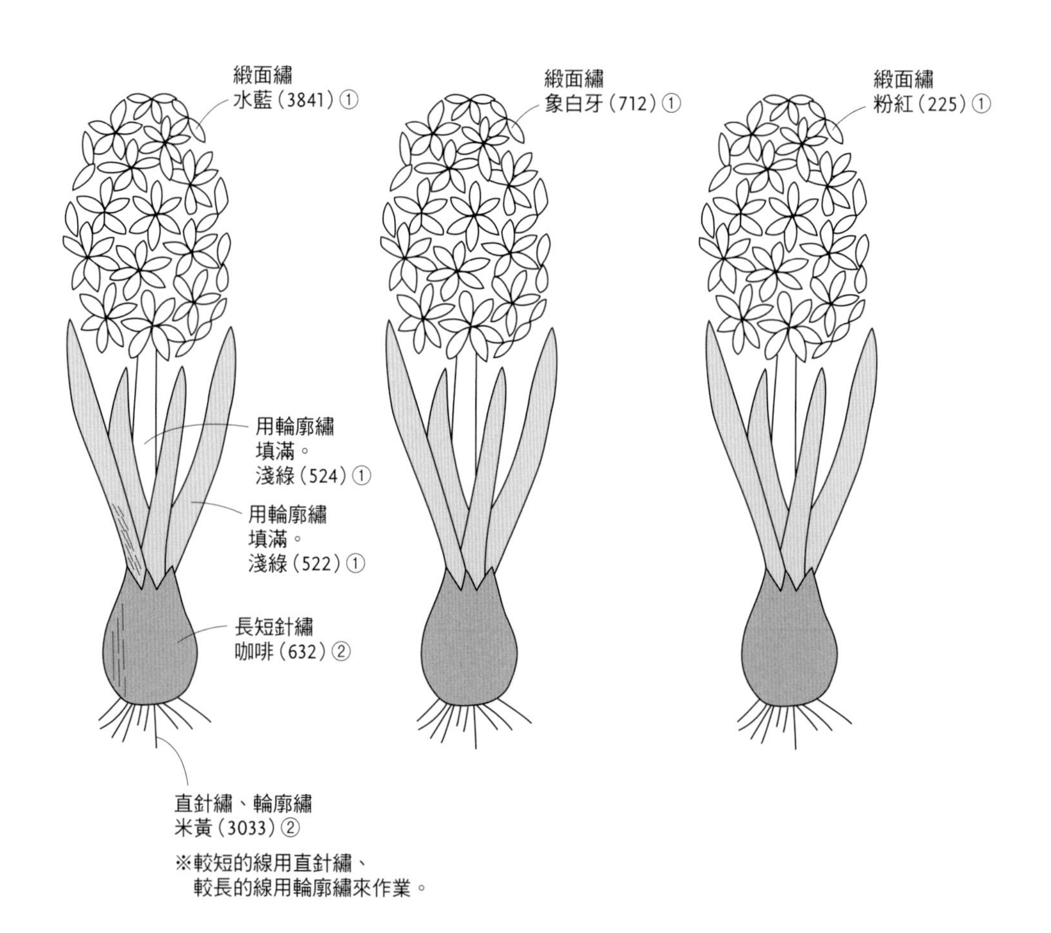

鳥

brooch ► p.28

✚ Size 約7×7cm

材料
表布　亞麻布（白）10×10cm
布　亞麻布（綠・葉、莖用）10×10cm
接著襯　10×10cm
不織布（白）10×10cm
鐵絲（30號）4cm 3支
簡針　1個
手藝用白膠
＊葉、莖用的亞麻布要先用加了白膠的熱水（以1:10的比例混合）浸溼、稍微擰乾，等乾燥之後再使用。

作法
1 把刺繡好的圖案沿著周圍的形狀剪下。用來貼在背面的不織布也剪成同樣的形狀。
2 製作葉子，把鐵絲用裁剪成0.5cm寬的布條纏繞束緊。
3 把簡針縫在1剪成鳥的形狀的不織布背面。以鳥喙夾住葉子，把不織布用白膠黏貼上去。

・線全部使用Coton à Broder白（BLANC）1股。

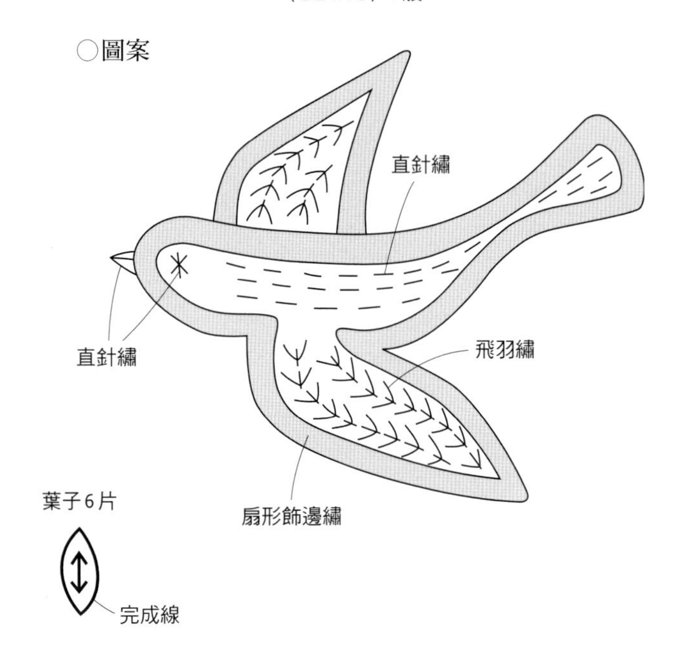

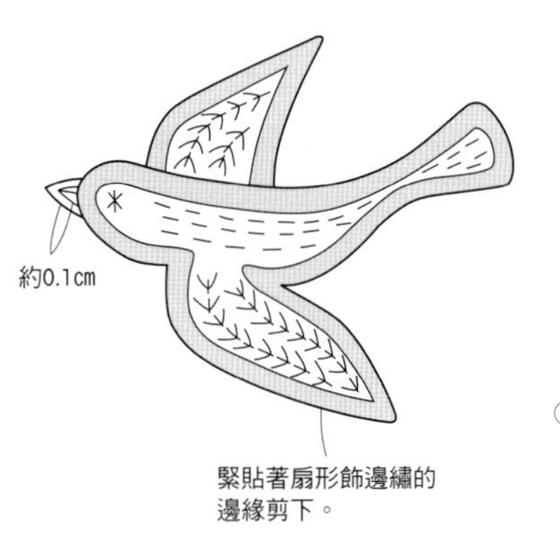

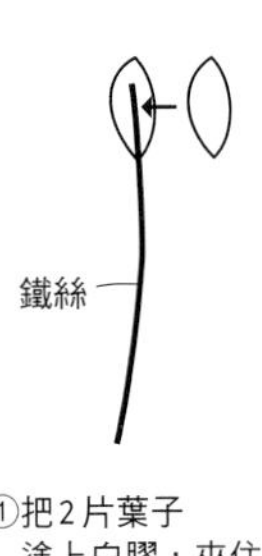

①把2片葉子塗上白膠，夾住鐵絲黏合起來。

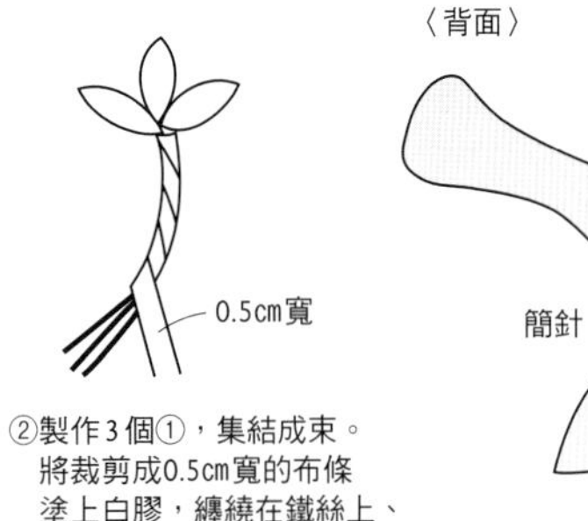

②製作3個①，集結成束。將裁剪成0.5cm寬的布條塗上白膠，纏繞在鐵絲上、束緊。

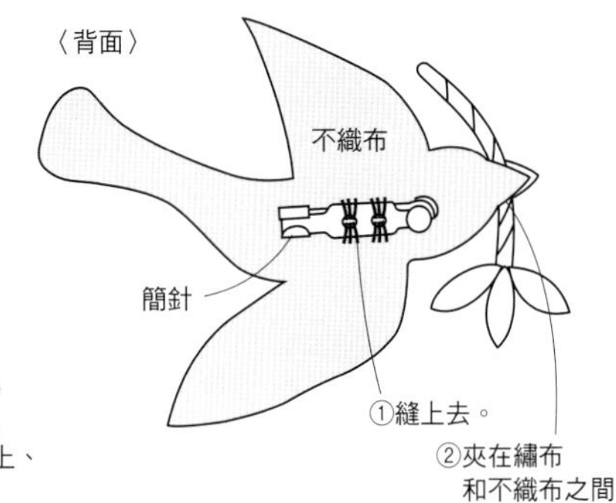

樹木

motif ► p.29

★布　亞麻布（米黃）
　貼花用布　亞麻布（綠）
　奇異襯

★▭是將貼花用布剪下，用奇異襯黏貼在底布上。
　布的邊緣請用毛邊繡深綠（319）2股線來刺繡。

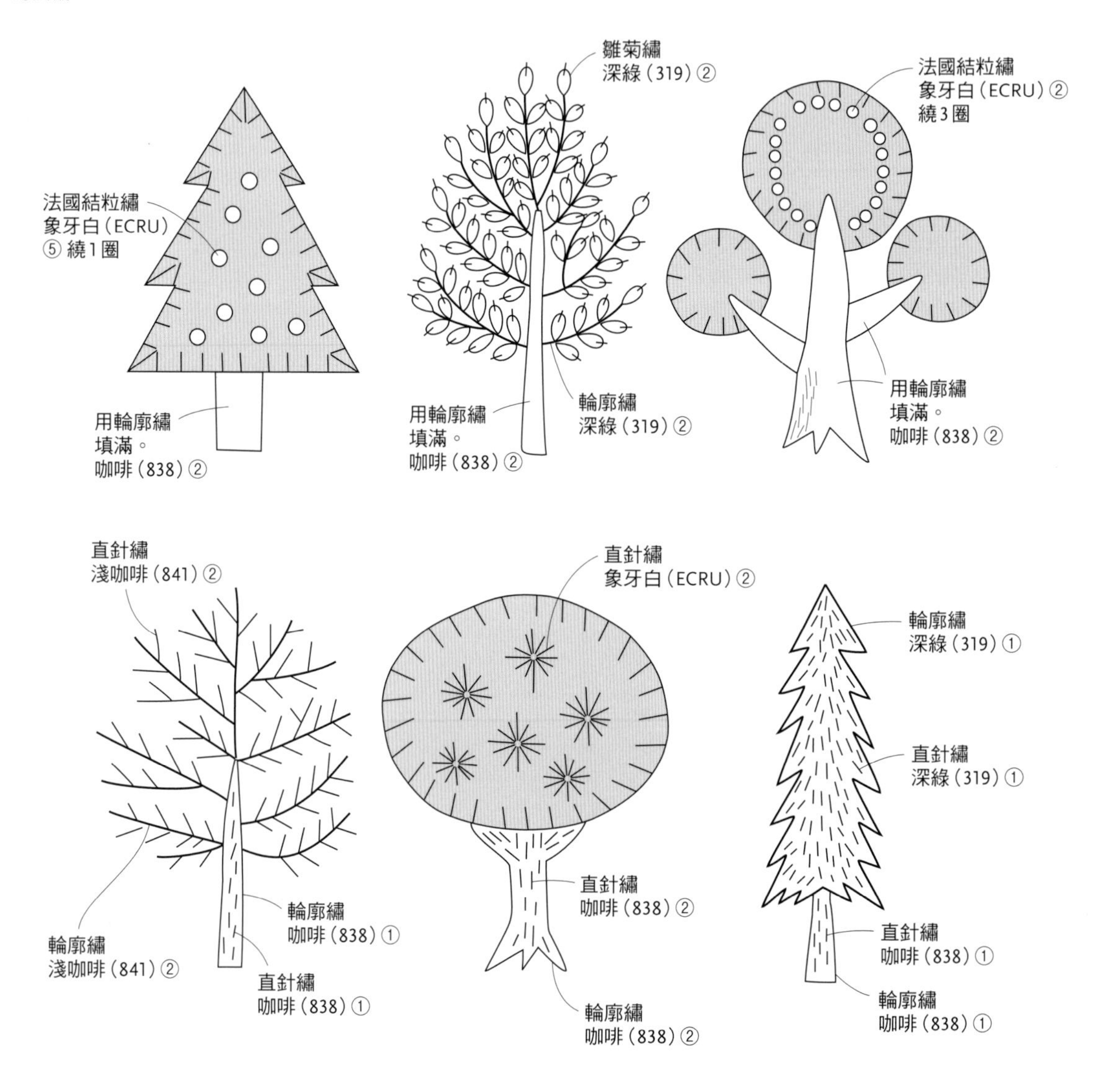

葉子 I

motif ► p.30

★布　亞麻布（咖啡）
★除指定以外請全部用象牙白（ECRU）
　1股線來刺繡。

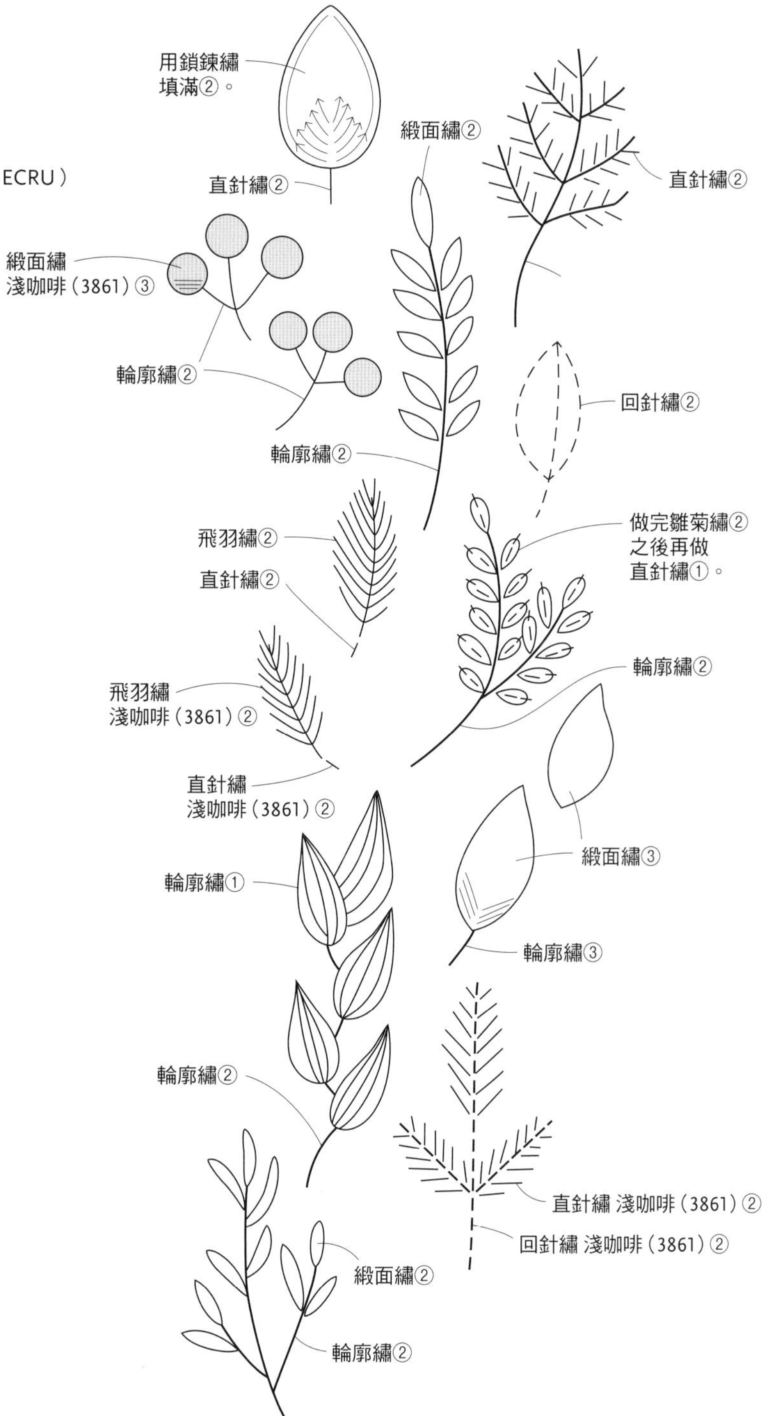

葉子 II
motif ► p.31

★布　亞麻布(綠)
★圖案為80%的縮小圖。請放大125%至實物尺寸來使用。
★除指定以外請全部用輪廓繡來作業。

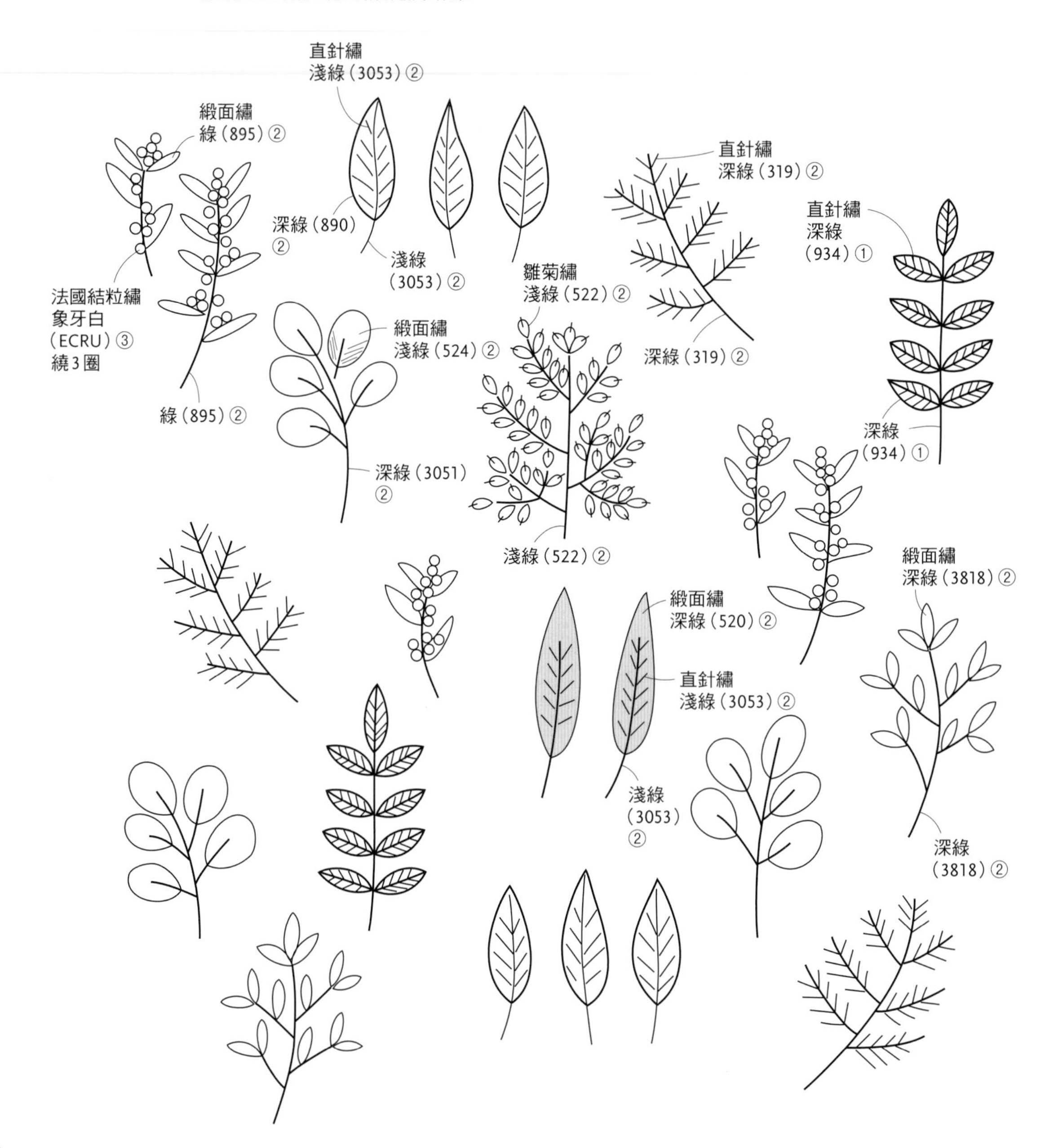

樹與鳥

motif ► p.32

★布　亞麻布（米黃）
★線全部使用藍（3765）1股。
★除指定以外請全部用輪廓繡來作業。

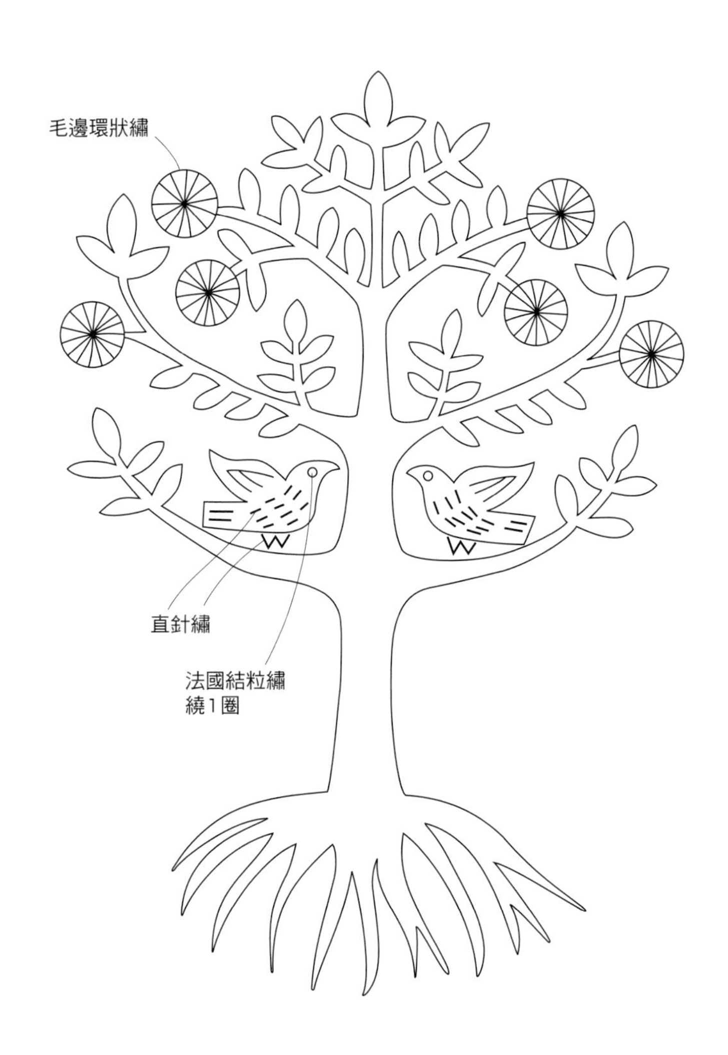

森林

book cover ► p.33

► p.33

✚ Size 39.5×15.5cm

材料

刺繡布　亞麻布（原色）12×15cm
表布　亞麻布（綠）45×20cm
裡布　棉布（淺綠）45×20cm
接著襯　刺繡布用 10×12cm
　　　　表布用 45×20cm
羅緞緞帶（綠）1.5cm寬 16cm
絲綢緞帶（藍）0.5cm寬 22cm

作法

1 把刺繡布貼上接著襯，進行刺繡。在橢圓形圖案的周圍留下2cm的餘裕，裁剪下來。
2 把表布、裡布裁剪好，在表布的背面貼上接著襯。
3 把表布和刺繡布依照①、②的順序接合，在橢圓形圖案的周圍進行刺繡。
4 在裡布上依照①、②的順序縫上緞帶。
5 把3和4正面對正面相疊，留下返口縫合周圍。
6 翻回正面，縫合返口。
＊使用時請將書的封面穿過羅緞緞帶，把書套的邊緣折到內側，然後將另一側的書套邊緣配合封面大小返折。

2

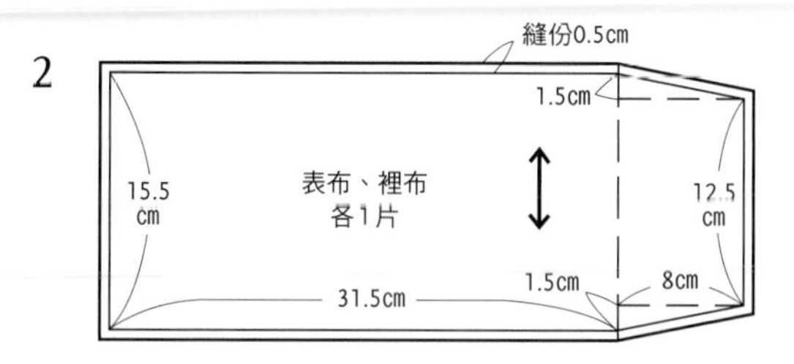

3

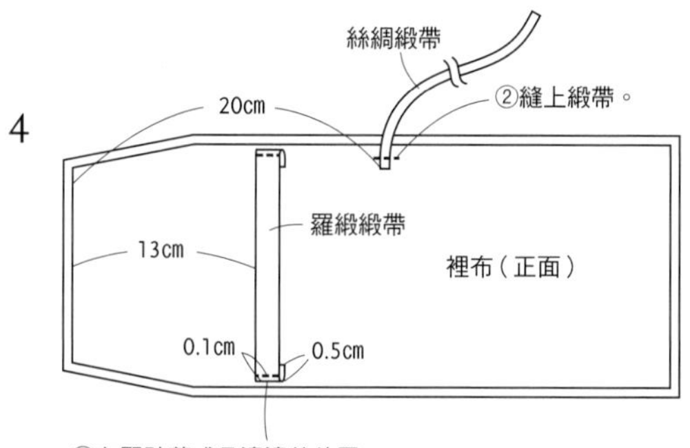

4

5

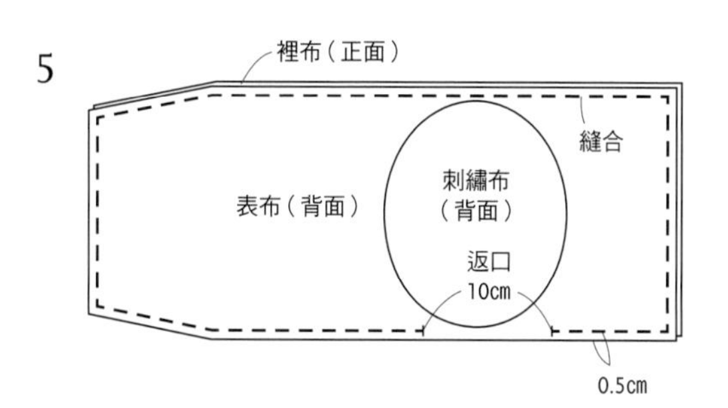

6

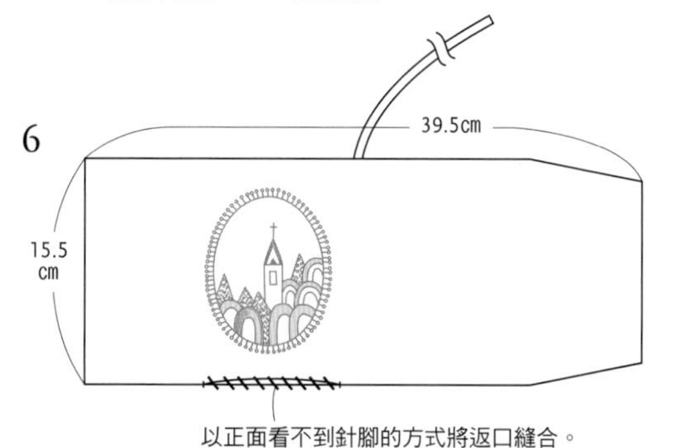

○圖案

・除指定以外都用
鎖鍊繡2股線來填滿。

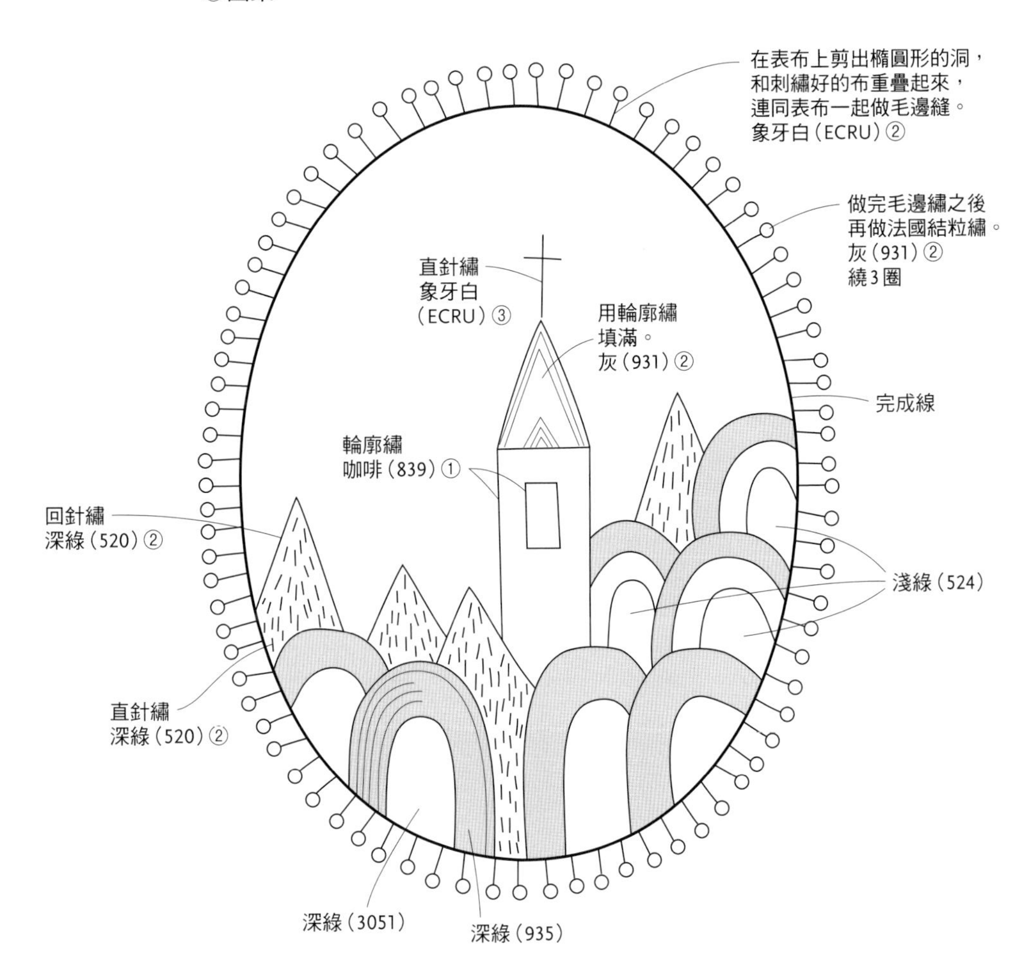

栗子

motif ► p.34

★布　亞麻布（芥末色）
★線全部使用2股、以直針繡來作業。
　首先把外圍繡好，然後在圖案的內側縱向、橫向、斜向地自由刺繡加以填滿。

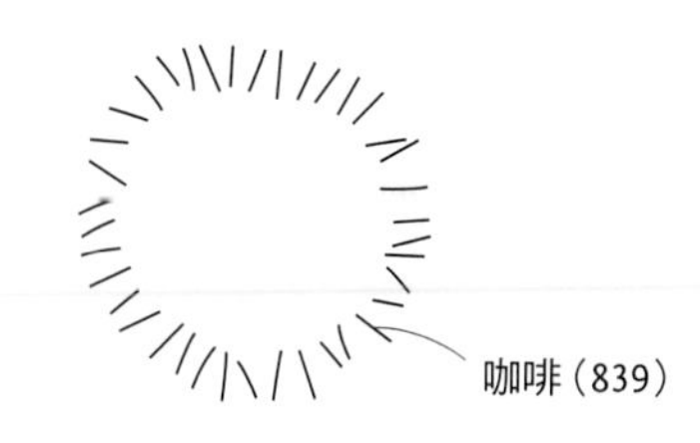

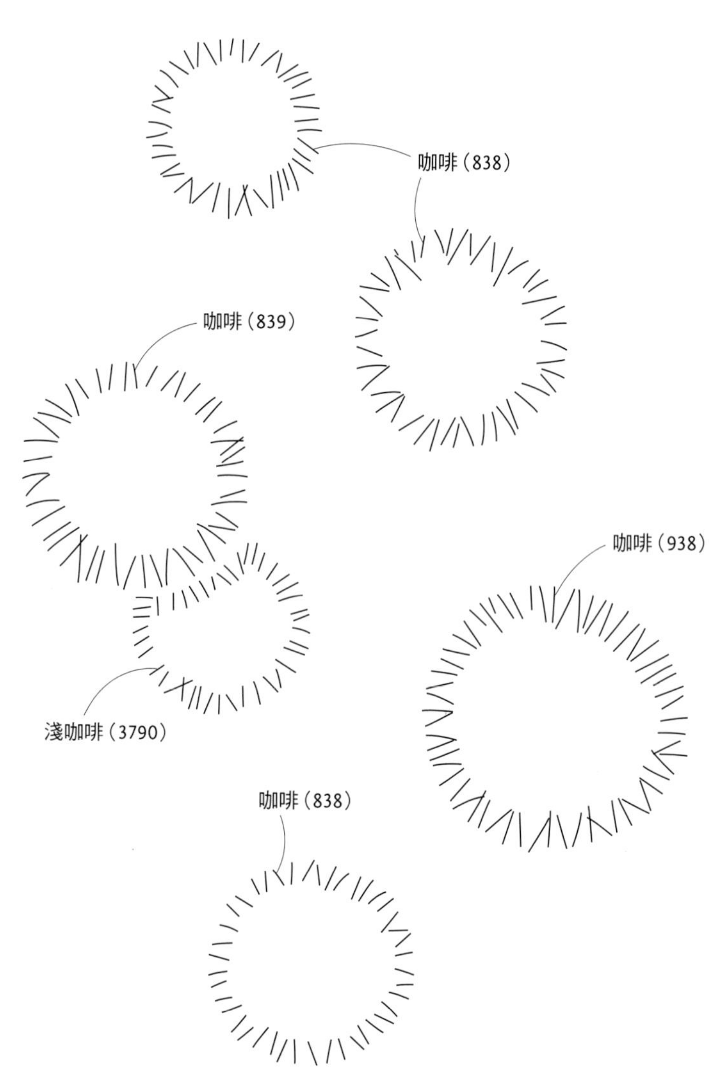

果實

brooch ► p.35

✚ Size
A約3.5×5.5cm
B約2.5×3.5cm
C約4.5×7cm

材料
表布　亞麻布（咖啡）
　　A 10×10cm
　　B　5×5cm
　　C 15×15cm（果實和莖）
接著襯　A、B 10×10cm、C 5×5cm
不織布（咖啡）　A、B 10×10cm、
　　　　　　　C 5×5cm
鐵絲（26號）　C 8cm 3 支
簡針　各1個
手藝用白膠

作法
1 沿著刺繡周圍的形狀剪下。在背面貼上剪成同樣形狀的不織布。把C的莖用的布裁剪成0.5cm寬的布條。
2 A、B是在不織布上縫上簡針。把不織布用白膠黏在1的背面，A、B就完成了。
3 C是把鐵絲纏上布條，再將刺繡好的布和不織布黏貼上去。把簡針用布條纏繞固定，再將3支鐵絲纏成一束就完成了。

◯圖案

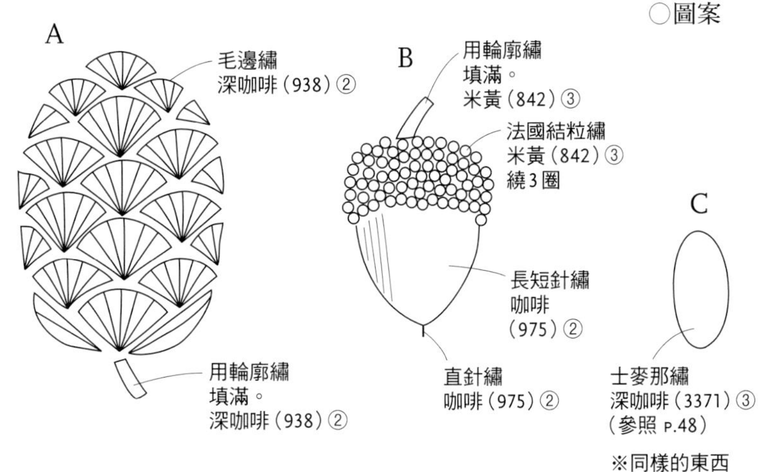

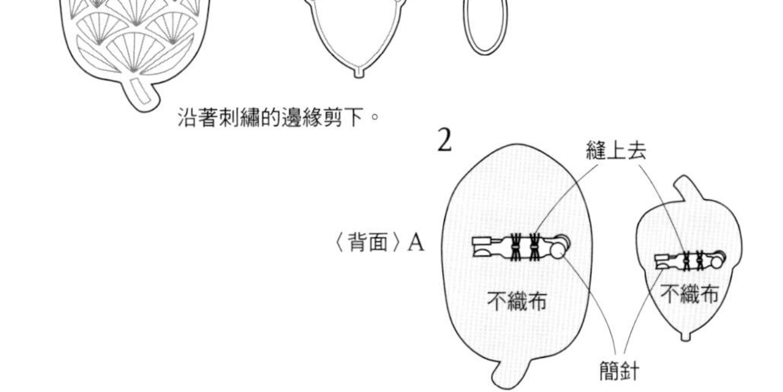

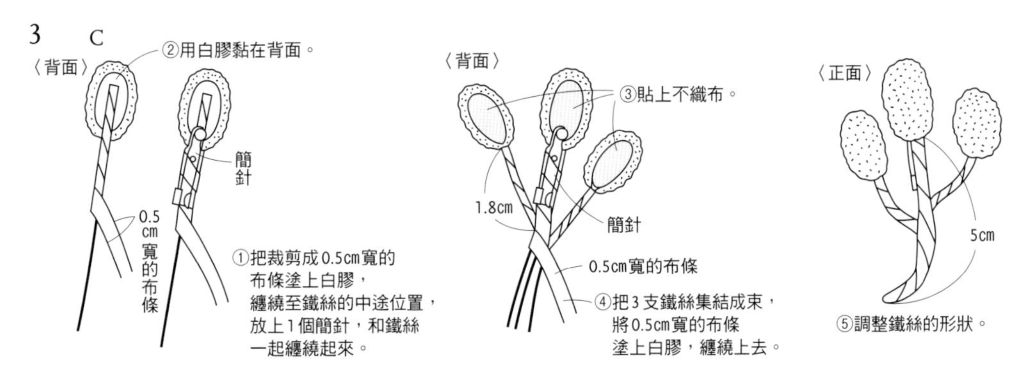

蕈菇博物繪

motif ▸ p.37

★布　亞麻布（米黃）

★除指定以外請全部用輪廓繡2股線來填滿面積。

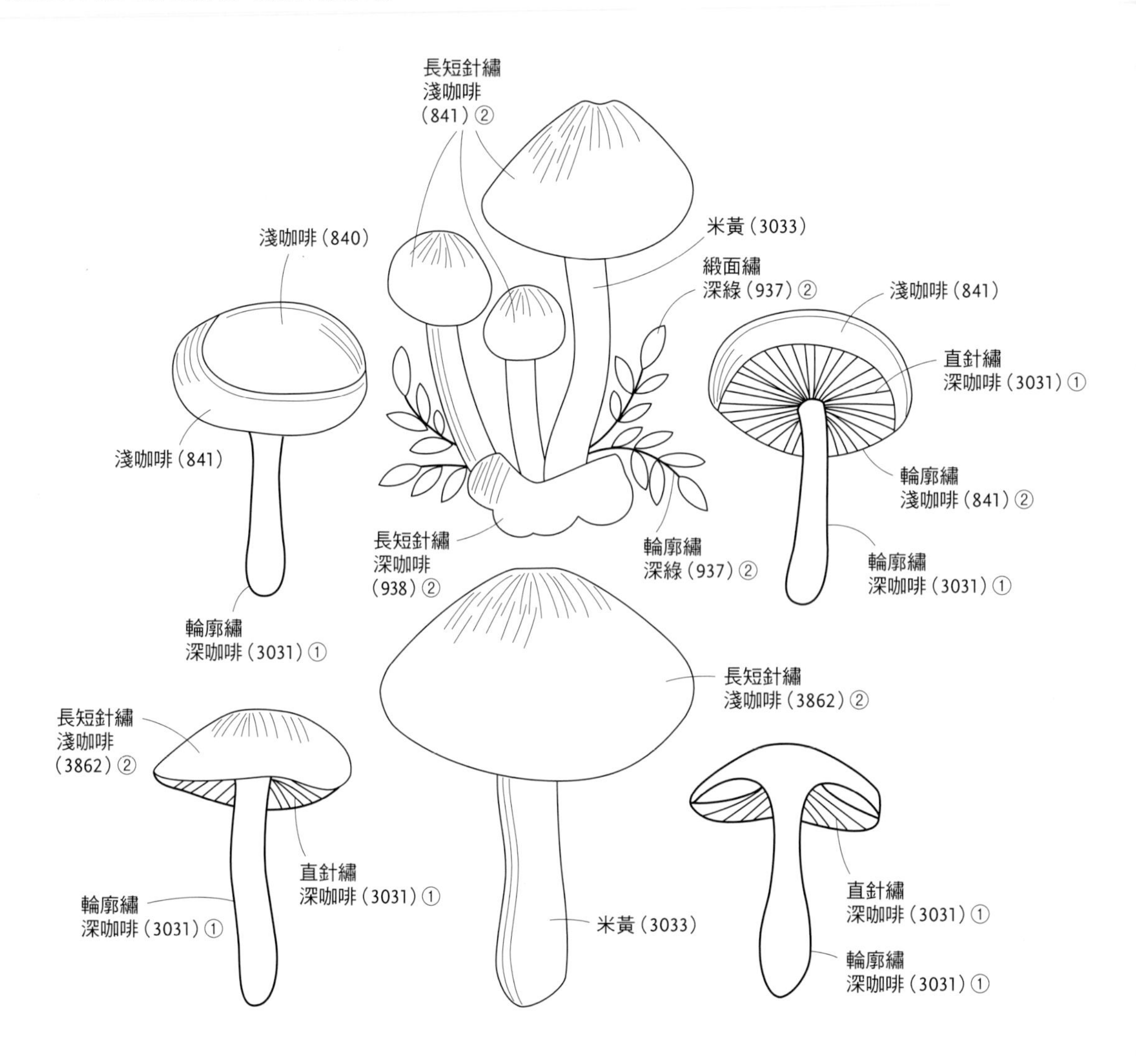

落葉

panel ► p.38

⋆布　亞麻布（深咖啡）

⋆裱背的作法請參照p.91。

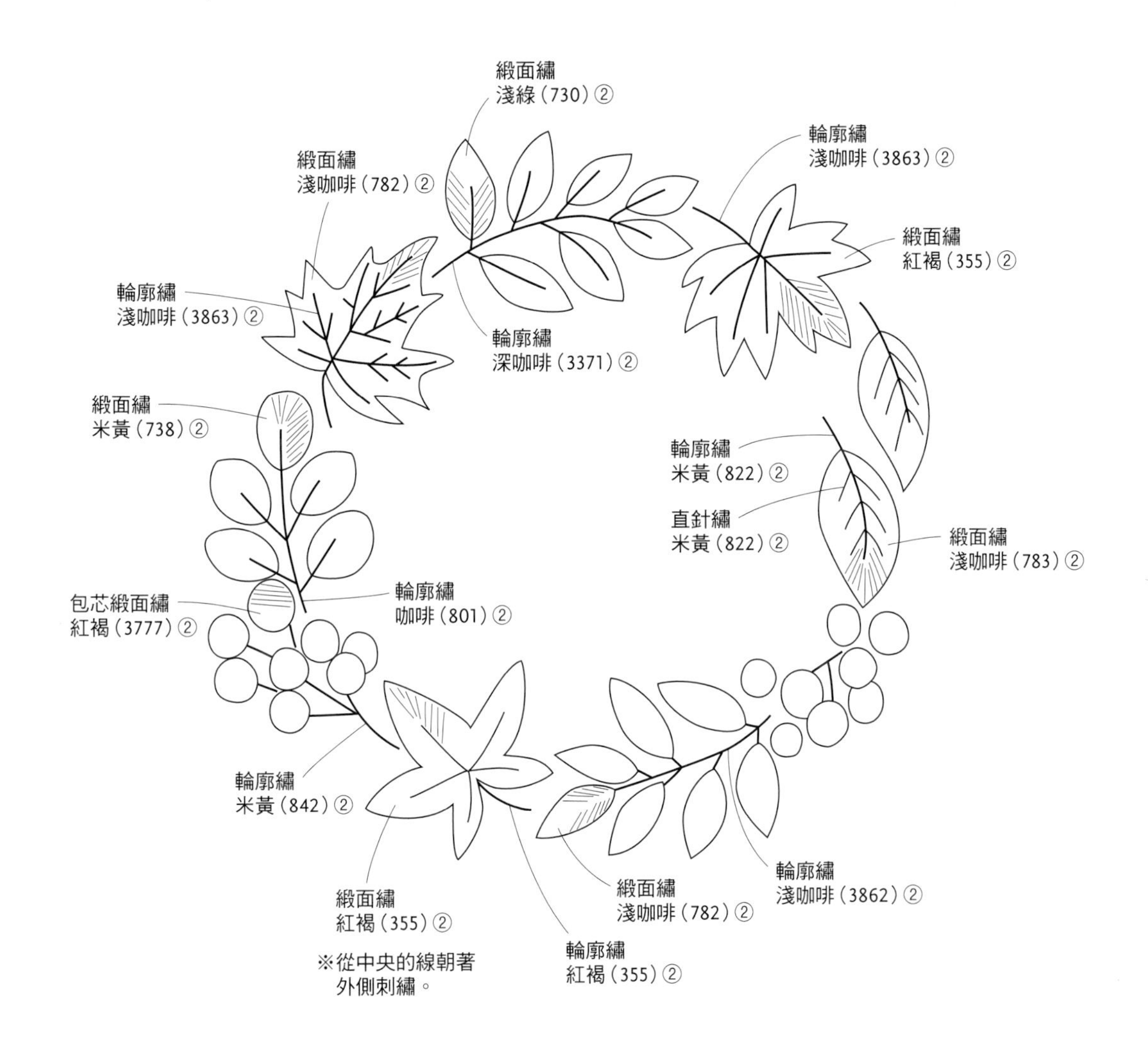

蕈菇

panel ► p.39

★布　亞麻布（淺咖啡）

★裱背的方法請參照p.91。

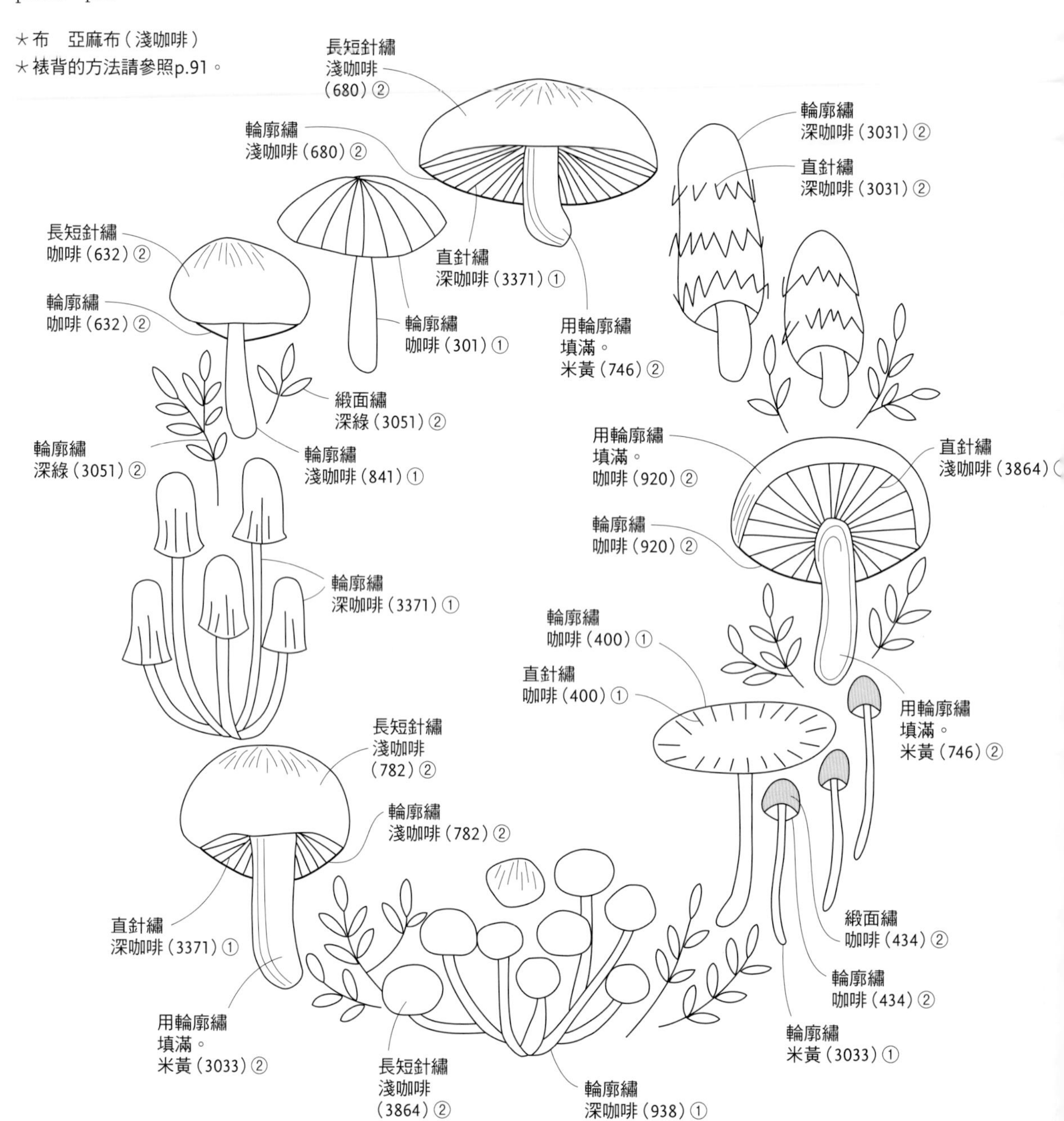

裱背的方法

✚ Size
A（落葉）18×14cm
B（蕈菇）15×21cm

材料
表布　亞麻布（A深咖啡、B淺咖啡）
　　A 26×22cm、B 23×29cm
接著襯　A 26×22cm、B 23×29cm
棉襯　A 18×14cm、B 15×21cm
木製底板　A 18×14×2cm
　　B 15×21×2cm
釘槍

作法
1 把刺繡好的布放在背板上，圖案部分要落在背板的中央位置，依照畫作的大小剪裁好，再把四個角剪掉。
2 把棉襯裁剪成底板的大小。
3 在底板上將棉襯、布依序疊好，再把折份往底板背面折起。
4 將折份的部分用縫線上下左右縫起來，同時把線拉緊，讓刺繡面呈繃緊狀態。
5 用釘槍把布固定在底板上。把4的縫線剪斷並拆掉。

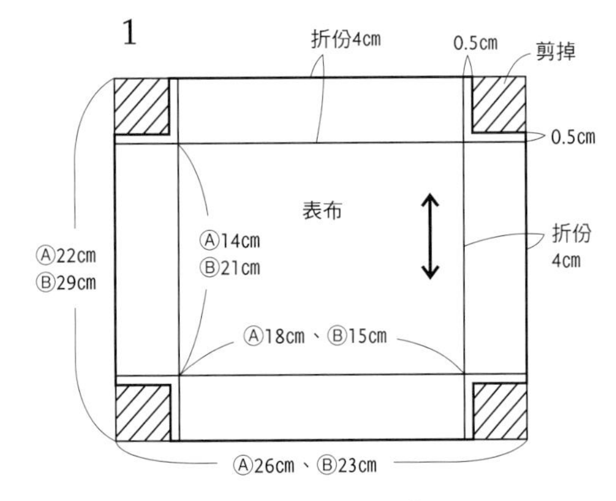

※底板的大小…Ⓐ18cm×14cm、Ⓑ15cm×21cm

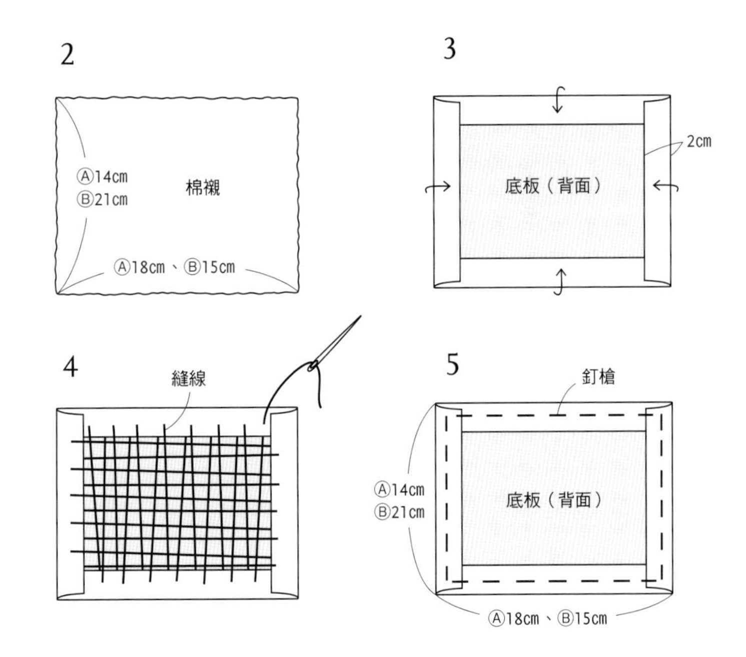

國家圖書館出版品預行編目資料

清新風格 花草植物刺繡圖案集 / 淺賀菜緒子作；
許倩珮譯. -- 初版. -- 臺北市：臺灣東販，2018.09
92面；18.2×20公分

譯自：植物刺繡 Plants Embroidery
ISBN 978-986-475-755-8（平裝）

1.刺繡 2.手工藝 3.圖案

426.2 107011747

日文版工作人員

發 行 人　大沼 淳
書籍設計　繩田智子 L' espace
攝　　影　三木麻奈
　　　　　安田如水（文化出版局 p.42～49）
作法解說　田中利佳
繪　　圖　薄井年男
校　　對　堀口惠美子
編　　輯　小山內真紀
　　　　　大沢洋子（文化出版局）
攝影協力　加藤郁美（p.36、39）

繡線提供
DMC
http://www.dmc.com

清新風格
花草植物刺繡圖案集

2018年9月1日初版第一刷發行
2023年2月15日初版第五刷發行

作　　者　淺賀菜緒子
譯　　者　許倩珮
特約編輯　賴思妤
美術編輯　黃盈捷
發 行 人　若森稔雄
發 行 所　台灣東販股份有限公司
　　　　　＜地址＞台北市南京東路4段130號2F-1
　　　　　＜電話＞(02)2577-8878
　　　　　＜傳真＞(02)2577-8896
　　　　　＜網址＞www.tohan.com.tw
郵撥帳號　1405049-4
法律顧問　蕭雄淋律師
總 經 銷　聯合發行股份有限公司
　　　　　＜電話＞(02)2917-8022
香港總代理　萬里機構出版有限公司
　　　　　＜電話＞2564-7511
　　　　　＜傳真＞2565-5539

Printed in Taiwan